楊柳岸

扬州竹

陈卫元 赵御龙 著

中国林业出版社

图书在版编目（CIP）数据

扬州竹 / 陈卫元，赵御龙著. —北京：中国林业出版社，2014.4

ISBN 978-7-5038-7435-2

Ⅰ．①扬… Ⅱ．①陈… ②赵… Ⅲ．①竹－文化－扬州市

Ⅳ．①S795-092

中国版本图书馆CIP数据核字（2014）第067071号

扬州竹

策　　划：邵权熙

责任编辑：于界芬　苏亚辉

出　　版：中国林业出版社（100009　北京西城区德内大街刘海胡同7号）

网　　址：http://lycb.forestry.gov.cn

电　　话：（010）83225764

制　　版：北京美光设计制版有限公司

印　　刷：北京中科印刷有限公司

版　　次：2014年8月第1版

印　　次：2014年8月第1次

开　　本：210mm×260mm　1/16

印　　张：14

字　　数：295千字

定　　价：168.00元

陈卫元　赵御龙　**著**

陈卫元　赵御龙　张春霞　禹迎春　**摄　影**

丁雨龙　**审　稿**

Chen Weiyuan　Zhao Yulong　**Author**

Chen Weiyuan　Zhao Yulong　Zhang Chunxia　Yu Yingchun　**Photographer**

Ding Yulong　**Reviewer**

陳衛元　趙御龍　**著**

陳衛元　趙御龍　張春霞　禹迎春　**攝影者**

丁雨龍　**校正者**

二十年前载酒瓶，
春风依旧醉竹西亭。
而今再种扬州竹，
依旧淮南一片青。

——清 郑燮

序

　　"植物之中，有物曰竹，不柔不刚，非草非木。"竹因独有的生物学特性而与众不同，因竹与国人的日常生活息息相关而"不可一日无此君"。

　　扬州以园亭胜，扬州园林中遍植竹子，竹子为扬州的城市园林绿化增添了风采，是扬州的特色和名片。陈卫元、赵御龙多年来在扬州从事观赏植物栽培、分类、教学与研究，园林管理工作，且对竹子情有独钟，悉心研究，对扬州竹文化的理解有独到之处。我每每带国内外友人到扬州个园参观学习，也时常得到两位的帮助。

　　《扬州竹》一书，图文并茂，对竹种的描述重点突出识别要点。该书集知识性、欣赏性、实用性为一体，具有较高的学术价值、文化价值和应用价值。为丰富扬州园林的植物景观，弘扬竹文化，改善生态环境，开拓旅游资源，做出了应有的贡献。

丁雨龙

2014年2月28日

FOREWORD

"In the plant kingdom, there is one kind of plant called bamboo, which is different from both trees and grasses because of its unique biological characters". Bamboo is highly related to the daily life of Chinese people. There is an ancient saying that "people cannot be one day without bamboo".

Yangzhou is famous for its gardens and pavilions. Bamboo is very common in the gardens of Yangzhou. It also adds flavor to the city landscape of Yangzhou. Bamboo has become one of the characteristics and a signature that represents Yangzhou. The two authors of this book – Chen Weiyuan and Zhao Yulong have devoted into the cultivation, classification, teaching and studying of ornamental plants for years. They have a special fondness and unique understanding of bamboo due to years of research. I have received kind help from both of them whenever I take friends at home and abroad to the Geyuan Garden for a tour.

The book Bamboo in Yangzhou is well illustrated and highlights the key points on the characteristics among different bamboo species. This book is knowledgeable, enjoyable and practical. It is valuable for its contribution to the research, culture and application. It also contributes to the enrichment of Yangzhou landscape, carrying forward bamboo culture, improvement of ecological environment and development of tourism resources.

Ding Yulong
Feb. 28, 2014

序文

　"植物之中，有物曰竹，不柔不剛，非草非木"。竹は独特な生物学的特性を持つため、ほかの植物と異なるところが多い。また、竹は人々の日常生活にも密接しており、"不可一日无此君"と言われている。

　揚州は園林と東屋で有名である。揚州園林の中では竹が一杯植えられている。したがって、竹は揚州の園林緑化を飾り、揚州の特徴を表すものである。陳衛元、趙御竜は揚州で鑑賞植物の栽培、分類、教育および研究に長く従事しており、揚州の竹文化を深く理解している。私が観光や調査の目的で国内外の友人と一緒に揚州の个園に行く時に、何時もお二人に助けていただいている。

　「揚州竹」は図文併茂で竹の品種識別の要点を述べ、知識性、鑑賞性および実用性を集約し、高い学術的、文化的および実用的価値を持つものである。本書の出版は揚州園林植物の鑑賞、竹文化の高揚、生態環境の改善および観光資源の開拓に貢献している。以上、著者と本書の特徴を簡略に紹介し、序文とさせていただく。

丁雨竜

2014年2月28日

前 言

    古城扬州是国务院首批公布的二十四座历史文化名城之一，扬州为历代名邑，历史悠久、文物彰明、著称海内、闻名遐迩。

    "天下三分明月夜，二分无赖是扬州。"李斗在《扬州画舫录》中引用刘大观的话评价扬州"杭州以湖山胜、苏州以市肆胜、扬州以园亭胜，三者鼎峙，不可轩轾"。

    扬州蜀冈—瘦西湖风景名胜区为国家AAAAA级风景名胜区，个园、何园、唐城遗址、普哈丁墓园等被列为全国重点文物保护单位，高旻寺被列为全国重点寺观。清代沈复在他的《浮生六记》中称赞扬州园林"奇思幻想、点缀天然，即阆苑瑶池、琼楼玉宇谅不过此"。扬州园林名闻天下。

    造园专家认为，山石是园林的骨骼，水系是园林的血脉，建筑是园林的五官，植物是园林的主体，扬州园林的植物造景有其独到之处，如长堤春柳、玲珑花界、木樨书屋、竹西佳处、醉地茱萸、绿杨城郭等。其中最负盛名的是个园的竹子，个园建于清代嘉庆、道光年间，是当时大盐商、两淮盐业商总黄至筠的私人园林，园主人特别爱竹，认为竹本固、心虚、体直、节贞，有君子之风，竹叶形状类似"个"字，并"个"字是"竹"的一半，寓意世界上竹子的一半在此园中，故取名"个园"。近年来，由于扬州园林工作者的不懈努力，又引种了很多珍稀观赏竹种，专门开辟了竹子观景区，使个园的竹子更负盛名。

    扬州著名的竹子园林景区有个园、竹西公园、瘦西湖公园（锦泉花屿之绿竹轩）、铁道部扬州疗养院（筱园花瑞）、大禹风景竹园等。笔者得到扬州市科技攻关项目的支持，将扬州十多个属、百余种竹子整理出来，编撰成书，集知识性、欣赏性、实用性为一体，可供专业人员参考、学生学习和大众欣赏。

    历史文化名城的扬州，历史上曾聚集了一大批著名的学者、诗人、画家。竹因其本身的姿态美，以及积淀其上的文化内涵，被历代文人墨客所激赏，也同样被扬州的文人士子们所钟爱。清扬州八怪之首的郑板桥，就写有"二十年前载酒瓶，春风倚醉竹西亭。而今再种扬州竹，依旧淮南一片青"的千古佳句。"扬州竹"，这是一个极富有诗意的名称，就像"扬州月"一样（天下三分明月夜，二分无赖是扬州），让人在不经意间，读懂了一个城市，读懂了一个城市的历史与文化，有介于此，所以将本书定名为"扬州竹"。

本书所采用的竹子分类体系参照了赵奇僧竹子分类学术观点和最新英文版《中国植物志》22卷禾本科（2006年版）。

本书由陈卫元、赵御龙撰稿，竹子照片由陈卫元、赵御龙、张春霞、禹迎春拍摄。

在本书撰写过程中，得到南京林业大学竹类研究所丁雨龙教授、王福升教授的悉心指导，丁雨龙教授认真审阅书稿并为本书作序；本书扬州竹书名由著名书法家篆刻家蒋永义先生题写；本书序、前言、目录英文由美国北卡罗来纳州立大学陈卉博士翻译，日文由南京工业大学缪冶炼教授翻译；中国林业出版社邵权熙副总编辑、中国林业出版社环境园林图书出版中心于界芬副主任对本书的修改完稿提出了很多宝贵意见和建议；中国林木种子公司朱伟成总经理，南京林业大学冯建元、郝娟娟，扬州科技局陈小浩、张志军、汤宜厅、杨玉坤、徐小川，扬州市园林管理局裴建文、夏东进、黄春华、孙桂平、赵大胜、陶宏庆，扬州瘦西湖公园田跃萍，扬州个园金川、李晋、周晓忠，扬州何园王海燕，扬州科技学院（筹）周胜、吴春笃、林道立、陈亚鸿、许晓宁、杜庆平、王思源、刘伯香、潘树国、李成忠、杨凯波、李金宇、裴杰，扬州市农委丁翠柏、孙羊林、吴建华、杨银高，大禹风景竹园禹在定，铁道部扬州疗养院张晓玉等同志为本书的出版给予了大力支持，在此一并感谢。

由于作者水平所限，难免有不妥、不周、不够准确之处，该书错误、缺点在所难免，热情期待读者的批评和指正，希望读者提出宝贵意见，使其更臻完善。

作者
2014年2月18日

PREFACE

The ancient city of Yangzhou is one of the first 24 historical cities approved by the State Council of China. Yangzhou has been famous for many dynasties for its rich history and cultural relics.

"If there are three fractions of moonlight in the world, two will always be shed upon Yangzhou." The Qing dynasty traditional opera writer Li Dou mentioned that, "Hangzhou stands out for its lakes and mountains, Suzhou for its city, Yangzhou for its gardens and pavilions". The Slender West Lake located in Scenic Area of Shu Gang is one of the national places of interest and ranks as an AAAAA Level Scenic Spot. The Geyuan Garden, the Ho Family Garden, the Tangcheng Relic Site and the Tomb of Puhaddin were listed as conservation heritage sites of China along with Gaomin Temple, listed as one of the national conservation heritage temples. Shen Fu, a Qing dynasty writer, complimented Yangzhou gardens as beauty as paradise in his work, Six Records of a tranquil Life, because of the fantastic designing. As a result, the popularity of Yangzhou garden architecture has spread worldwide.

Landscape design experts often compare gardens to having human-like features. They consider that stones are the representation of bones, flowing water as the blood, the architecture as the face and the plants as the frame that molds it together. Gardens in Yangzhou have a unique plant landscapes that includes willows on the causeways, exquisite flowers, Osmanthus, bamboo, Mastixia, green poplar and others. Among all of these, the most famous are the bamboos in the Geyuan Garden. This garden was built in the middle of the Qing Dynasty. The salt merchant Huang Zhiyun bought the land and rebuilt the garden as a private retreat. Out of his love for bamboo, Huang planted them all over the garden and considered it as a symbol of pureness, loftiness and unyielding integrity. The shape of bamboo leaf is like the Chinese character "ge", which is half of the Chinese character "zhu", meaning bamboo. So the name "Geyuan" originates from this, meaning "half of the world's bamboo is in this garden". Recently, several rare bamboo species were introduced by the landscape architects of Yangzhou. A specific scenic area for bamboo was developed, making the bamboo in the Geyuan Garden more famous.

The characteristic bamboo gardens in Yangzhou are the Geyuan Garden, Zhuxi Park, Slender West Lake Park, Sanatorium of Ministry of Railways in Yangzhou,Dayu Bamboo Park and among others. The authors have been supported by the Science and Technology Key Projects of Yangzhou. More than ten genera, hundreds of species of Bamboo were sorted out and compiled together in this book. This book is a source and reference for professionals, students and other readers.

The historical city of Yangzhou has attracted a lot of famous scholars, poets and artists. Because of its beauty in posture and cultural connotation, bamboo has been highly appreciated by literary men and painters in successive dynasties and the locals also hold this belief in high regards. The most outstanding painter of the eight eccentrics of Yangzhou during the Qing Dynasty, Zheng Banqiao wrote a poem about the bamboo in Yangzhou, which is rich in poetic flavor. The same as Moon in Yangzhou, they help better understand the rich history and culture of Yangzhou. Because of this, we have named this book Bamboo in Yangzhou.

The taxonomic system of bamboo in this book refers to Flora of China, Volume 22, : Poaceae in the 2006 edition and the academic point of view by Zhao Qiseng. This book is written by Chen Weiyuan and Zhao Yulong. Photos of bamboos were taken by Chen Weiyuan, Zhao Yulong, Zhang Chunxia and Yu Yingchun.

During the composition of this book, we received instructions from Professor Ding Yulong and Wang Fusheng from the Bamboo Research Institute, Nanjing Forestry University. Professor Ding reviewed the book and kindly offered to write the foreword. The title on the cover was written by calligrapher and engraver Mr. Jiang Yongyi. The English section was translated by Dr. Hui Chen from North Carolina State University, USA. The Japanese was translated by Professor Liao Yelian from Nanjing Industry University. Valuable suggestions and advice were kindly given by Yu Jiefen, deputy director of Environment and Landscape Architecture Publishing Center of China Forestry Publishing House. Many thanks go to following people: Manager Zhu Weicheng from China National Tree Seed Corporation; Feng Jianyuan and Hao Juanjuan from Nanjing Forestry University; Chen Xiaohao, Zhang Zhijun, Tang Yiting, Yang Yukun and Xu Xiaochuan from Science & Technology Bureau of Yangzhou; Pei Jianwen, Xia Dongjin, Huang Chunhua, Sun Guiping, Zhao Dasheng, Tao Hongqing from Landscaping Bureau of Yangzhou; Tian Yueping from Slender West Lake Park of Yangzhou; Jin Chuan, Li Jin, Zhou Xiaozhong from the Geyuan Garden; Wang Haiyan from the Ho Family Garden. Zhou sheng, Wu Chundu, Lin Daoli, Chen Yahong, Xu Xiaoning, Du Qingping, Wang Siyuan, Liu Boxiang, Pan Shuguo, Li Chengzhong, Yang Kaibo, Li Jinyu, Pei Jie from Yangzhou Institute of Technology; Ding Cuibo, Sun Yanglin, Wu Jianhua, Yang Yingao from the Agriculture Committee of Yangzhou; Shu Zaiding from Dashu Bamboo Park and Zhang Xiaoyu from Sanatorium of Ministry of railways in Yangzhou. The authors are humbly welcome to any suggestions and criticisms of this book and apologize for any potential incorrectness or inaccuracies.

Author

Feb. 18, 2014

緒 言

　揚州は中国国務院が第一回目に公布した24歴史文化都市の一つであり、長い歴史と多くの文化財を持つ都市として国内外で名を知られている。

　"天下三分明月夜，二分無頼在楊州"。李闘が「揚州画舫録」の中で劉大観の話を引用して揚州を次のように評価した。"杭州以湖山勝、蘇州以市肆勝、楊州以園亭勝，三者鼎峙，不可軒輊"。

　揚州にある痩西湖－蜀岡は国家ＡＡＡＡＡ級観光名所であり、个園、何園、唐城遺跡、普哈丁墓苑などは全国重点保護文化財として、高旻寺は全国重点観光寺として指定されている。清の時代の沈ふくは「浮生六記」の中で揚州園林を"奇思幻想、点綴天然，即閬苑瑶池、瓊楼玉宇諒不过此"と讃えた。揚州園林は世界中でも有名である。

　造園専門家は次の共通認識を持っている。すなわち、山石が園林の骨格、水系が園林の血管、建物が園林の五官、植物が園林の主体である。揚州園林植物の中で一番有名なのは个園の竹である。个園は清代の嘉慶、道光時期に塩商黄至筠が建てた個人園林であった。个園の主人は竹の本固、心虚、体直、貞操などの性格を愛していた。竹の葉の形が"个"の字に似ており、さらに"个"が"竹"の半分であるため、世の中の竹の半分が自分のこの庭園に納めるという意味合いで、この庭園に"个園"と名前を付けた。近年、多くの珍しい竹品種が導入され、竹の観光園が開設されたため、个園の竹がさらに有名になった。

　揚州では个園、竹西公園、痩西湖公園、鉄道省揚州療養院、大禹観光竹園など有名な竹園がある。筆者らは揚州市科学技術研究経費を得て、揚州地方における十以上の属、百以上の種の竹を整理し、本書を編集した。本書は知識性、鑑賞性および実用性を集約しており、専門関係者の参考書、学校の教材および多くの人々の読み物として歓迎されると思う。

　歴史上、揚州は著名な学者、詩人、画家を多く輩出している。竹は美しい姿態、上向きの精神文化を持つため、中国歴代の文人、同様に揚州の文人に熱愛されている。清代に揚州八怪の一人である鄭板橋は"二十年前載酒瓶，春風依酔竹西亭。而今再種揚州竹，依旧淮南一片青"を書き残した。本書の著者らは、人々が"揚州の月"と同じように、"揚州竹"によって揚州の歴史と文化を読み取ることができると考え、本書の題を"揚州竹"にした。

　本書では、趙奇僧の学術観点と最新英文版「中国植物誌」第二巻禾本科（2006年）を参考に竹の分類をした。

　本書は陳衛元、趙御竜が執筆を担当し、陳衛元、趙御竜　張春霞、禹迎春が撮影を担当した。

　執筆に当たり、ご指導いただいた南京林業大学竹類研究所丁雨竜教授、王福昇教授に深く御礼申し上げる。題の字をお書きいただいた書道家篆刻家蒋永義先生、緒言、序、目録を英訳していただいたアメリカ北卡州立大学陳 卉博士、和訳していただいた南京工業大学繆冶煉教授、編集についてご意見いただいた中国林業出版社邵権熙副総編集長、中国林業出版社環境園林図書出版センター于界芬副主任に感謝する。なお中国林木種子公司朱偉成総経理、南京林業大学馮建元、郝娟娟、揚州科技局陳小浩、張志軍、湯宜庁、楊玉坤、除小川、揚州市園林管理局斐建文、夏東進、黄春華、孫桂平、趙大勝、陶宏慶、揚州痩西湖公園田躍萍、揚州个園金川、李晋、周暁忠、揚州何園王海燕、揚州科技学院周勝、呉春篤、林道立、陳亜鴻、許暁寧、杜慶平、王思源、劉伯香、潘樹国、李成忠、楊凱波、李金宇、斐杰、揚州市農業委員会丁翠柏、孫羊林、呉建華、楊銀高、大禹観光竹園禹在定、鉄道省揚州療養院張暁玉に深謝の意を表したい。

　著者らの専門知識の不足により、本書に誤りや不適切な箇所があるかと思うが、読者様にご批判とご意見をいただければ幸甚である。

著者

2014年2月18日

目 录

目 录

CONTENTS

第一篇

扬州竹景

扬州的公园、道路、单位、小区等地普遍种植竹子，竹在扬州具有独特的造景风格。由于竹在历史、地域、文化、审美上的特殊价值和作用，如何将扬州竹景特点进行整理分类总结，一直是笔者思考的问题。因扬州以竹造景的手法非常丰富，不管采用何种形式的分类方法，都不可能囊括全部竹景，同时也会出现一个地方的竹景包含或涉及几个分类类别的情况，如瘦西湖洛春堂就包含了竹门相彰、竹石小品、移竹当窗、修竹墙垣四种竹景观。笔者通过查阅文献资料、实地考察、与专家研讨，现根据竹在造景中的位置和重要性，将其分为竹林主景、竹林辅景、竹子盆景三大类，竹林主景内含四个小类，竹林辅景内含八个小类。

竹林主景

将形态奇特、色彩各异的竹种，以群植、片植的形式栽于重要位置，色调一致，林相整齐，构成独立的竹景，形成一种清净、幽雅的气氛，供人游息观赏。

1. **竹海如涛**　单一或多种竹种大规模种植成林，浩瀚壮观、气势恢宏，形成整体景观。身置竹林，会产生一种深邃、波澜如涛的意境。如瘦西湖绿竹轩竹岛竹林、个园乌哺鸡竹竹林、茱萸湾公园第一丛林竹林、大禹风景竹园竹林等。

2. **竹径通幽**　"竹径通幽处，禅房花木深"，竹林小径窄而弯曲，含蓄深邃，产生一幅幅有节奏的连续风景画面，收到步移景异的动观效果。如个园竹径、竹西公园竹径、瘦西湖公园竹径、荷花池公园竹径、凤凰岛生态旅游区竹径等。

3. **竹篱似屏**　将竹密植成为空间的外围视觉屏障，高者为墙，矮者为篱，形成挡景，围合、分隔园林空间，造成空间的隔断，起到隔离、遮蔽、防风等作用，同时也增加了景观的层次感。如凤凰岛吹箫引凤雕塑背景竹墙、香格里拉酒店外竹墙、城北住宅区外竹墙、瘦西湖绿竹轩竹篱、平山堂竹篱、瘦西湖温泉度假村竹篱等。

4. **竹院清秀**　庭院以种植竹子作为最主要的景观，置身其中，会产生一种清秀、雅静、优美的意境。如瘦西湖绿竹轩庭院竹景、石壁流淙庭院竹景、筱园花瑞庭院竹景、瘦西湖温泉度假村庭院竹景、街南书屋庭院竹景等。

竹林辅景

竹子清秀风雅，婆娑多姿，具有很广泛的调合性。利用竹子在颜色、姿态、秆形等方面的特征，与建筑、水体、山石、其他植物等相配作为辅景，形成优美的景观效果。

1. **竹门相彰**　在门前门后的左侧、右侧或左右两侧种植形体较大的竹子，门因竹而突出，竹因门而彰显，竹与门有机组合相得益彰。如个园北大门竹景，瘦西湖公园南大门、西大门竹景，瘦西湖公园小金山大门竹景，竹西公园南大门竹景，茱萸湾公园大门竹景，凤凰岛生态旅游区大门竹景，以及扬州园林中的各种园门竹景等。

2. **竹亭为伴**　亭旁植竹，也包括其他园林建筑旁植竹，竹子衬托了亭子和其他园林建筑的俊秀和巍巍，园林建筑在竹子的遮掩下若隐若现，形成"竹里登楼人不见，花间问路鸟先知"的意境。如竹西亭竹景、瘦西湖公园露香亭竹景、琼花观无双亭竹景、卷石洞天亭竹景、小盘谷亭竹景等。

3. **竹石小品**　将竹子与奇峰怪石通过艺术构图，组合成景，缓解、软化墙角廊隅、广场的生硬线条，增加自然生动的气息，同时竹与石结合形成了强烈的形式对比和色彩反差，既不失自然古朴之意，也具现代意味，更重要的是在奇峰怪石上往往都刻有文字表达特定的含义和意境，起到画龙点睛的作用。竹石小品在扬州各景点、绿地较多，如个园、瘦西湖公园、古运河风光带、市民广场等随处可见。

4. **移竹当窗**　"几竿清影映窗纱，筛月梳风带雨斜"。窗前种竹，将竹子景观当作框景处理，通过各式取景框欣赏竹景，恰似一幅幅竹图画嵌于框窗中。如瘦西湖公园框窗竹景、个园框窗竹景、扬州迎宾馆框窗竹景等。

5. **修竹墙垣**　扬州园林的墙垣较多，以粉墙为主，但也有很多砖墙和其他墙，将竹子配置于墙垣前组合成景，恰似以墙为纸，婆娑多姿的竹影如描绘的墨竹画一般。如瘦西湖公园墙垣竹景、瘦西湖温泉度假村墙垣竹景、花局里墙垣竹景、扬州迎宾馆墙垣竹景等。

6. **竹林草坪**　将竹林和草坪结合配置种植，形成奥旷交替的开敞空间，体现城市山林返朴归真之野趣。如个园竹林草坪、瘦西湖公园竹林草坪、荷花池公园竹林草坪等。

7. **竹影水岸**　在溪涧曲水的自然式山石驳岸边配置小型竹，在河岸湖岸边配置体量较大的竹，丰富水面空间和色彩，形成"竹径绕荷池，萦回百余步"、"水能性淡为吾友，竹解心虚即我师"的意境。如瘦西湖绿竹轩水岸竹景、个园"壶天自春"水岸竹景、"筱园花瑞"水岸竹景等。

8. **竹姿映路**　扬州道路绿化中遍植竹子，竹子可在道路中、道路旁、道路两侧丛植、列植或和其他园林植物配合种植，也可作为道路地被等，形成良好的景观效果。如文昌西路竹景、邗江大道竹景、扬子江北路竹景等。

竹子盆景

盆景是无声的诗、立体的画、有生命的艺术，是大自然的浓缩，竹子盆景以其清雅为文人逸士们所钟爱。扬州一般用佛肚竹、罗汉竹、凤尾竹、观音竹、菲白竹等具有特殊外形或体量小的竹种，采用矮化、造形、组合、配石等技术制成错落有致、朴素清雅、生意盎然的竹子盆景。扬州竹子盆景是扬派盆景中的一枝奇葩。

本书将扬州个园、瘦西湖公园、平山堂、竹西公园、卷石洞天、筱园花瑞（铁道部扬州疗养院）、茱萸湾公园、荷花池公园、大禹风景竹园、迎宾馆、花局里、瘦西湖温泉度假村、凤凰岛生态旅游区、何园、小盘谷、街南书屋、现代农业展示中心、文昌西路等地的主要竹子景点和竹子盆景，通过现场拍摄，以实景照片的形式，证明竹与扬州的渊源，竹在扬州园林和城市绿化中的重要性。

个园竹景

瘦西湖公园竹景

平山堂竹景

竹西公园竹景

卷石洞天竹景

筱园花瑞竹景
（铁道部扬州疗养院）

茱萸湾公园竹景

大禹风景竹园竹景

扬州迎宾馆竹景

花局里竹景

瘦西湖温泉度假村竹景

凤凰岛生态旅游区竹景

何园竹景

小盘谷竹景

街南书屋竹景

文昌西路竹景

其他竹子景点

翠岗小区竹景

双博馆

扬州大学图书馆一隅

市民广场

城。康熙查清事实后撤除了贪官党羽，而张伯行平反复职，并旌奖他是"真能以百姓为心者"。

张伯行病逝后，雍正赐谥"清恪"，即清正为官、恪勤职守之意。扬州百姓则"建春风亭为先臣祠"。

视益拒为名节的张伯行

张伯行（一六五一——一
七二五），字孝先，号恕
斋，晚年更号敬庵，仪封
（今河南兰考县）人。康
熙二十四年（一六八五）
甲进士，历任按察使、巡
抚、代理总督、户部右侍
郎、礼部尚书等职，始终
清正廉洁，关心民生疾苦，
民间对他有"止饮江南
一抔水"，"天下第一清
官"的美誉。

康熙五十年（一七一一）
秋，张伯行因秉公查办科
场舞弊案而遭到诬陷，
被朝廷免职。扬州工商

古运河边

扬州大学田园宾馆

富春茶社

邢江大道竹景

香格里拉饭店外景

城北住宅区外的竹景

琼花观无双亭竹景

扬子江北路竹景

竹子盆景

第二篇

竹文化概述

中国是全世界竹类资源最丰富的国家，素有"竹子王国"之称。英国李约瑟博士在《中国科学技术史》中写到，东亚文明过去被称为"竹子文明"，中国则被称为"竹子文明的国度"。著名史学家陈寅恪先生也认为中国文化就是"竹的文化"。竹子为人们提供了各种生产、生活资源，人们的衣、食、住、行、用等都离不开竹子。人们种竹、用竹、居竹、赏竹、爱竹，人竹共生，在人类几千年的历史发展长河中，竹子和人们的生活紧密相关，人们与竹结下了不解之缘，形成了独具特色、丰富多彩的中国竹文化。历代文人寓情于竹、赞竹颂竹、借竹言志的警世名句，凝结了中国竹文化的精华，成为中华民族自强不息精神的重要组成部分。本书从竹文化的历史、竹文化的内涵与外延、扬州的竹文化三个方面进行阐述。

一、竹文化小史

在中华文明的产生与发展过程中，竹子与人们的生产、生活息息相关。竹子是人们生产、生活甚至到生存的各个方面的重要工具或用具，竹子的加工和使用凝聚了中华民族的聪明才智，包涵了中华民族的人格理想以及宗教意识，表现了中华民族的审美情感，竹子的加工和使用与技术、艺术、伦理和宗教等的各个方面和领域都密切相关。

（一）原始文化中用竹

1. 竹类化石

2004年夏季在四川长宁县发现了距今约2亿3000万年前（即三叠纪至中侏罗纪）的楠竹化石，竹节、竹筒清晰可辨。

2003年夏季在云南省保山市龙陵县发现了一块估计距今约20万年至40万年前的竹类化石，化石形状完整，竹根、竹秆、竹节、竹叶都保存得非常完好。

2004年1月在陕北佳县发现了一块罕见的竹子化石，其形状为不规则长方体，石上的竹子清晰可见，竹叶、竹枝和竹节都保存完好。2005年6月在延安市的洛河地段也发现了竹子化石。这些化石的发现表明了黄土高原当时的气候环境温暖湿润，适合竹子生长。

2. 考古发现

在湖北省长阳县旧石器时代遗址长阳人文化遗存中，发现与长阳人伴生的动物中有以嫩竹为食的大熊猫和竹鼠。

大熊猫、竹鼠等动物都是以竹子为主食，甘肃天水市师赵村新石器时代古文化遗址出土的可鉴定动物遗存中就有竹鼠，河南浙川下王岗新石器时代的晚期遗址考古发掘也出土有大熊猫、竹鼠等动物遗骨，表明黄河流域在新石器时代生长着茂密的竹林，供竹鼠等动物食用。

1954年，在西安半坡村的仰韶文化遗址中出土的陶器上，可辨认出"竹"字符号。说明中国人认识和利用竹的历史可追溯到6000余年前的新石器时代。出土的许多陶器的底部均留下了竹编织物的印迹，编织方法为缠结编织法和斜纹编织法。

1974年在青海乐都县柳湾也发现了在陶器上刻画竹的文字符号，多达52种。这些文字符号就是汉字的源。汉字起源于原始社会，距今6000年左右。而"竹"字的原始符号则在6000年前即已出现了，在原始社会的遗址内也发现了竹的实物，可见在原始社会时期，竹子已和人们的生活有了密切的关系，因而必须为它创制一种文字符号。实际上在"竹"字的文字符号出现以前，竹子早就为人所使用，这是肯定的。

长江流域在新石器时期也发现有大片竹林资源的分布，浙江河姆渡文化（距今约7000年）遗址出土有竹席等竹制品。吴兴钱山漾良渚文化遗址（公元前3300年至前2600年）出土有200余件的竹器实物。且后者还发掘了大量的竹器纹饰的印纹陶器、竹节型陶器。这些竹编织品采用了人字形、梅花眼、十字形和菱形方格等编织方法，经纬疏密得当，造型美观，说明当时的竹编技术已经很高。

具有南越文化代表性的广东高要县茅岗新石器时代遗址中出土有竹编残片，这说明当时的南越人可能已经掌握了竹编技巧并能进行编织用于日常生活。

四川三星堆古遗址考古发现，其晚期遗址中发现有竹片、竹杖等竹制品，说明在几千年前，在远离我国中心文化的巴蜀地区竹子已被使用。

在距今2000多年前，李冰在四川修建著名的水利工程都江堰时就大量使用竹材，创造了竹笼石法截留分水。汉代黄河决堤堵口时用竹笼石法抗洪抢险。五代时东南沿海地区用竹笼石法修造海塘堤坝，防御潮灾，历时而不衰。

从出土之石矢可知，北京人早在30多万年之前，就发明了竹制弓箭远射复合武器，在远古人类智力开发上，是具有划时代意义的重要工具。

3. 文献考证

我国人民使用竹子究竟始自何时，现在很难确定具体的时代。在我国古老的神话传说中已经反映出竹子的使用。《山海经·海外南经》："羿与凿齿战于寿华之野，羿射杀之，在昆仑墟东，羿持弓矢，凿齿持盾，一曰戈。"羿就是用弓矢射杀凿齿的，"羿射九日"神话说明远古时代人们用竹制弓箭。女娲神话传说中，女娲开天辟地创造人类时就用竹制笙簧。《山海经·大荒北经》载"丘方圆三百里，丘南帝俊竹林在焉，大可为舟"。屈原《九歌》中有"青云衣兮白霓裳，举长矢兮射天狼"。

上古《古歌谣》："断竹，续竹。飞土，逐宍。"就是颂扬中华先祖伐竹制弓、箭、矛器的豪迈的劳动场面，以及使用竹制弓箭追杀猎物时的威武勇猛、雄伟壮观。竹制弓箭的发明，使人类能捕获更多更大型的猎物，以满足中华古人类对食物的需求，从而促进人类自身繁衍壮大，尤其加速其智力开发。

《诗经》是我国第一部诗歌总集，其中就有大量竹诗，直接提及的有五首，出现七次，间接提及的有几十首之多。如《诗经·卫风·淇奥》曰："瞻彼淇奥，绿竹猗猗"、"瞻彼淇奥，绿竹青青"。又如《诗经》中收录之古歌谣《郑风·箨兮》二章："箨兮箨兮，风其吹女！叔兮伯兮，倡，予和女。箨兮箨兮，风其漂女！叔兮伯兮，倡，予要女！"《箨兮》是一首远古歌谣，描写春天黄河中游地区，一群天真自由，欢快雀跃的青年男女，在竹林中拾笋箨时欢歌笑语的劳动场景。

《周礼》中记载："六弓、王弓、弧弓，以射革弓；夹弓、庚弓以射千侯、鸟兽；唐弓、大弓以授学射者。"证明周代已用竹制作兵器或狩猎工具。

成语"渭川千亩"出自《史记·货殖列传》："齐鲁千亩桑麻；渭川千亩竹……此其人皆与千户侯等。"用以言竹之繁茂。

《世说新语·任诞》："王子猷尝暂寄人空宅住，便令种竹。或问：'暂住，何烦尔？'王啸咏良久，直指竹曰：'何可一日无此君？'"后因以"此君"为竹的代称。

（二）夏商至两汉时期的竹文化

夏商至两汉时期，随着社会的进步和发展，人们对竹子的利用已经从实用性功利目的逐步转向实用加装饰欣赏，竹制用器、用具、工具的设计、制造、制作技术工艺日益精美，运用领域更加广泛，在这一时期初步形成并确立了竹文化的基本内涵、内容特征。

在这一时期，竹制用器、用具、工具从普通化、多样化、精美化到专一化，即各种竹制用具和器物的适用场合及范围、功能及作用是否和使用者的身份符合等日趋明确。中国传统文化中"礼制"的作用，是形成专一化趋势的主要原因，如"笾"是祭祀与宴饮时盛食物的竹制用具，在周代，专门设有管理"笾"的"笾人"，"笾人"专门负责备办王室祭祀或宴饮时"笾"中必须盛放的各种食物。据史书记载，早在周朝时期我国皇家园林中就开始种植竹子。

李约瑟博士在《中国科学技术史》中认为，在青铜器时代中国人已经使用竹钻，他在书中写到："有证据表明，商代已经知道竹子的多种用途。其中一种用途就是用作书简……一行一行的文字写在竹片或木片上，再把它们用两根绳子串在一起，因而有'册'这个字。"我们知道殷商时代用竹简写的书叫"竹书"，用竹简写的信叫"竹报"，而用绳子、丝线或皮革把竹简串连起来，叫做"丝编"、"韦编"，就是那时的书。汉代的许慎说"著于竹帛谓之书"，《史记·孔子世家》载"孔子晚而喜《易》，读《易》，韦编三绝"，这是说孔子读《易》勤奋，致使编联竹简的皮绳索多次断裂。据记载2000多年前的秦始皇每日阅读竹简奏章120斤（约合现在60市斤），说明当时主要用竹简记述事情。《论衡·量知》篇概括说明了简牍的制作方法及其应用："截竹为简，破以为牒，加笔墨之迹，乃成文字。断木为椠，折之为版，力加刮削，乃成奏牍。"历史上文字最早是见于陶器上的象形符号，其后为甲骨文、金文，从战国到魏、晋大约800多年中文字多是刻写在竹简上的。我国文化奠基时期的著作《诗》、《书》、《易》、《礼》、《春秋》等都是靠竹简传下来的。20世纪以来，简帛文献大量出土，至今约22万枚左右，其中绝大多数为汉代竹简，以实物的形式再现了汉代竹简在当时文化生活中所处的重要地位。

竹子在武器发展史上确实起着很重要的作用，从原始的竹弓射箭发展到竹弓射石块，《汉书·甘延寿传》引三国张晏的话说"范蠡兵法，飞石重十二斤，为机发行三百步"。这说明在公元前五世纪的春秋时，我国已知道利用竹子作杠杆制成抛石机（炮），发射石块杀伤敌人。

商周时起出现的竹制管乐器。周代竹制乐器的种类已很多，《周礼·春官·大师》记载，当时根据乐器制作材料的不同将乐器分为"八音"，竹制乐器为"八音"之一。《诗经》中共记载了6种吹奏乐器，其中有5种是由竹子制成，即篪、箫、管、龠、笙。考古发现，竹制乐器，如笛、篪、排箫、竽和竽律等在湖北随县战国曾侯乙墓、长沙西汉马王堆墓等墓葬中都有出土。

早期在竹上写字要一笔一笔地刻，或者用削尖的竹蘸着漆写。商代已有原始的笔，春秋时已经能制造毛笔。1954年，在长沙左家公山一座战国时期的木椁墓中，发掘一支直径为0.4cm、长18.5cm，笔管为实心的完好的毛笔，这是迄今出土的最古老的毛笔。河南信阳春秋晚期的楚墓中也出土有毛笔，因此可以肯定春秋战国时已有了毛笔。

据有关记载，战国时魏国编年体史书《竹书纪年》，因其写在竹简上而得名，孔子所整理的"六经"也是写在竹简上的。湖北云梦睡虎地秦墓出土的《为吏之道》、《律文三种》、《南郡守腾文书》、《大事记》等和山东临沂银雀山汉墓出土的《六韬》、《尉缭子》、《孙子兵法》、《孙膑兵法》等著名兵书均写于竹简之上。

据有关记载，春秋战国时期，我们的祖先已制造了利用杠杆提水的竹制工具"桔"以及用竹筒提水灌溉的"高转筒车"。

《诗经》、《楚辞》等诗歌之中都描写了竹，赞美了竹，竹在春秋时代开始就被用来象征、比喻人格人品，到了魏晋时期已经被赋予了理想人格的意义。魏正始年间（240～249年），天下事多，不少文人有避世思想，著名的如"竹林七贤"——阮籍、嵇康、山涛、向秀、阮咸、王戎和刘伶七人。他们常聚在邹寸的山阳县（今河南辉县、修武一带）竹林之下，借竹子的清逸助其风流，肆意酣畅，故世称竹林七贤（《魏氏春秋》）。他们之所以醉心于竹，是因为竹子终年常绿、简劲素雅、挺直有节，与魏晋时期崇尚的刚正耿直、皈依自然、豁达洒脱的人生观、价值观相一致。

（三）唐宋时期的竹文化

唐代经济繁荣、疆域扩大、国家统一，促进了中国各地区文化和各种思想流派的交流和融合，使竹文化的内涵更加丰富。宋朝继续发扬光大，把中国竹文化推向高峰。

在火药发明以前，已经有了早期的火箭，这种火箭是在箭头上附着易燃物，点燃后射出。我国在唐朝就有了火药，由于火药的发明，为制造火箭创造了条件，北宋初出现了火药箭。

到了南宋末年，在火枪的基础上又发明了突火枪，火枪用长竹竿制作，突火枪则用粗竹筒做成。

唐朝经济的繁荣发展，对竹材的需求量大增，设有管竹材和专司竹木栽培专职官员。宋代的机构更为庞大，《金史·食货志》载："司竹监岁采入破竹五十万竿。"可见当时竹子的加工十分兴旺发达。唐宋时期，对竹子的加工深度明显提高，除了利用竹子的自然属性外，对竹子的物理化学属性的认识进一步深化，提高了竹材加工的深度。竹纸起源的确切时间难以肯定，大体在隋唐五代时期，至唐宋已兴起。明朝《天工开物》一书对竹纸有详细记载，书中还有竹纸制造图。北宋书法家描摹的晋王羲之的《雨后贴》和王献之的《中秋贴》就是写在竹纸上的，这两件作品现保存在北京故宫博物院。米芾、苏东坡等宋代著名书法家对竹纸十分欣赏，称赞竹纸"滑、发墨、宣笔锋，舒舒虽久，墨终不渝"。实际上在竹纸出现以前，造纸的工具也离不开竹子，所以从竹简开始到竹纸的出现，竹子在文化发展史上始终占有重要的地位。

唐宋时期，是中国墨竹画诞生的时期，据历史记载，中唐画家萧悦最擅长画竹，有多幅作品流传。至宋朝，竹更加符合当时文化的审美价值和观念，画竹艺术勃然兴起，形成较为系统的画竹技法和理论，丰富了中国画的内容和题材。出现了具有深远历史影响的画竹大师文同、苏轼，并创立中国画流派之一的"湖州竹派"。元丰元年（1078年）文同奉命为湖州（今浙江吴兴）太守，未到任，病故陈州（今河南淮阳），苏轼接任湖州太守，没有几天就被贬到黄州。他们虽然都是四川人，但画史上皆称谓为"湖州竹派"始祖。

唐宋时期，李白、杜甫、白居易、柳宗元、王安石、苏轼、黄庭坚等一大批知名文人学士留下了大量脍炙人口的爱竹隽句和佳话，为在广泛的社会群体中培育与确立竹文化意识起到了示范作用。

唐宋时期，中国竹文化从生产工具、生活用具、书写工具、交通工具到技术、艺术、宗教、人格等各个领域的内容都已经比较完整地形成。

（四）元明清时期的竹文化

中国竹文化在唐宋以后的进展，主要表现在竹制工艺品和墨竹画领域。在竹雕刻方面，明代开始，因文人和士大夫的参与，写竹、画竹、刻竹蔚然成风，竹刻的文化含量也迅速攀升，促使了竹刻与书画、雕塑艺术的结合，导致了竹刻艺术的空前发展，这一阶段竹刻名家主要集中在嘉定和金陵两地，故后有按作家地域分为"嘉定派"和"金陵派"。前者由朱鹤、朱缨、朱稚征祖孙三人开创，经秦一爵、沈汉川、沈禹川、沈兼等人发扬光大，后者以濮仲谦、李文甫为代表，形成了圆雕、高浮雕、浅浮雕、透雕、深雕、留青雕、皮雕、翻簧等一整套精深的雕刻技法。在竹编技艺上也有极大发展，形成了编织技术更加具有地域特色的竹编工艺，如安徽舒席、湖南益阳水竹凉席、四川自贡丝竹扇、福建宁德篾丝竹枕等。在绘画方面，墨竹画经宋代文同、苏轼的"湖州竹派"之后，柯九思、倪瓒、宋克、夏昶、冯肇杞、朱耷、李方膺、郑板桥等人，尤其是郑板桥，又进行了不断开掘，使得墨竹画的绘画技法更为精湛，意蕴更为丰富，成为了中国画重要的内容表现之一。

明代茅元仪《武备志》一书记载，明朝已有了两级火箭，名为"火龙出水"，这种"火龙"用一根5尺*长的竹筒制作而成，龙身上装有第一级火箭，龙腹内装有第二级火箭。该书还记载当时有一种往复火箭，即能回收的火箭，名为"飞空砂筒"。这种火箭也用竹子做成的。由此可见竹子在火器史上的作用。

（五）古代记载竹子的主要书籍

中国历代记载竹子的书籍很多，公元前6世纪的《诗经》、公元前3世纪的《山海经》、《禹贡》中述了我国古代竹子的分布、特性、用途和经济价值。

关于竹子的第一部专著早在晋代就出现了，即晋代戴凯之撰《竹谱》，这部专书记载竹子70多种。晋代嵇含撰《南方草木状》一书也记述了竹子，北魏贾思勰所著《齐民要术》中有"种竹篇"论述了竹子的栽培。宋代释赞宁所著《笋谱》分五节介绍笋的名类、产地和食法。元代王桢所著《农书》，全书三十七卷，在"百谷谱"中"竹木"是一大专项。元

---

* 3尺=1m。

扬州竹器

六六

代李衎所著《竹谱详录》开有谱有画之先河，且论述极详，是古代竹谱中具有代表性的著作，全书分画竹、墨竹、竹态、竹品四谱，七卷，尤详于竹品谱。描述了334种竹子，包括各种罕见竹类，对于其形态、品性、画法均有详细论述。明代王象晋《群芳谱》、李时珍《本草纲目》、徐光启《农政全书》、周履靖《淇园肖影》，清代汪灏《广群芳谱》、王蓍《竹谱》、陈鼎《竹谱》、陈昊子《花镜》等著作中，对竹子的分类、分布、习性、栽培技术和用途等都有较详尽的记载。明、清之际有竹谱一类书籍不下10种之多，《花镜》就记述了39种奇形怪状的竹子。

中国是世界上栽培、利用和研究竹子最早的国家，殷商时代刻划的甲骨文，迄今能识别的近900个汉字中，有"竹"字部首的6个；周代的金文中有竹部文字18个；东汉的《说文解字》收"竹部"字151个（计徐铉增补的"笑"、"籍"、"筠"、"笏"、"莜"、"篙"）；梁（公元202～557年）《玉篇》中收录506个；清康熙55年编撰《康熙字典》收录960个；辞海（1979年版）中共收录竹部文字209个；《新华字典》中"竹"作部首的字就有187个。

二、竹文化的内涵与外延

宋代文学家苏轼十分喜欢竹子，他有许多描写竹子的千古佳句。其中最著名的有"食者竹笋，庇者竹瓦，载者竹筏，炊者竹薪，衣者竹皮，书者竹纸，履者竹鞋，真可谓不可一日无此君也。""宁可食无肉，不可居无竹。无肉令人瘦，无竹令人俗。"可以说这些千古名句是竹文化内涵与外延的最好写照。

由于自然、历史等因素的综合影响，世界的竹子地理分布可分为三大竹区，即"亚太竹区"、"美洲竹区"和"非洲竹区"，有些学者单列"欧洲、北美引种区"。从竹类植物区系组成、自然生态环境和民族文化背景、社会经济状况、竹子对不同地区历史文化的影响等都有明显特点和差别，竹子对当地历史文化、生产生活、社会经济和宗教习俗等的影响程度和影响方式各有其特殊性。

中国竹文化可以分为物质文化和精神文化两个部分。物质文化部分也称"竹文化景观"，就是竹所构成的器物及其使用规范，它能显示出文化性的、人化了的自然，或者说是中华民族为了特定的实践需要而有意识地用竹所创造的景象。精神文化部分也称"竹文化符号"，是指宗教、文学、绘画、伦理规范中的竹所象征、表现、比喻和寓意的人的情感、思维、观念、理想等精神世界。

（一）中国竹文化的核心特征

中国竹文化具有突出的伦理主义特征。与其他类型的文化相比，竹文化与人们的生活息息相关，具有浓重的乡土气息。

白居易在《养竹记》中赞美竹的"本固、性直、心空、节贞"。"竹似贤，何哉？竹本固，固以树德；君子见其本，则思善建不拔者。竹性直，直以立身；君子见其性，则思中立不倚者。竹心空，空以体道；君子见其心，则思应有虚受者。竹节贞，贞以立志；君子见其节，则思砥砺名行，夷险一致者。夫如是，故君子人多树为庭实焉。"

刘岩夫在《植竹记》中赋予竹子刚、柔、忠、义、谦、贤、德等品格。

在生活中，人们往往把竹子的特点、特性拟人化，如人们极易由竹的不畏严寒、凌霜傲雪联想到人坚贞不屈的人格品质，由竹的清风瘦骨联想到一种超然脱俗的人生境界。

人们崇拜竹，爱竹，赞美竹。竹子与松、梅并称"岁寒三友"，又与兰、梅、菊并称"花中四君子"。竹子高风亮节，"未出土时便有节，及凌云处尚虚心"，备受国人赞赏，奉为做人的准则。中国历史上有"竹祖龙孙道崇拜"，民间有"爆竹声声祈平安"的习俗。

"竹子比德"源于先秦时代流行的"君子比德"思想，以及在此基础上的"人化自然"哲学。《诗经》中的比兴和《楚辞》中的香草喻美人均属此类思想的范畴。孔子云"智者乐水，仁者乐山，智者动，仁者静"开比德之先河。人们把理想品格赋予大自然景物，即自然人格化是我国造园的基本理念。竹子虚心、有节、坚韧、挺拔的自然属性特别适合文人士大夫的雅致情趣，文人将自身感情融入竹子，将竹子作为"清高、气节、坚贞"的象征。

竹文化是中华文化区别于其他文化的重要标识。竹筷、竹扇、竹管笔、竹笛、竹楼、竹桥、咏竹诗、墨竹画、有关竹的人生格言，均具有中华文化的特殊气息。竹筷是中餐别于西餐的标记，竹笛是中国特有的乐器，竹管笔是古老中华文化的象征，墨竹画是中国画特有的画法，咏竹诗是中国咏物诗的一类。中华文化的基本内涵和基本特征正是通过竹及其他和竹有关的文化事象而得以显现。

竹的文化意蕴可概括为君子之德、处士之风、淡雅之美、吉祥之意、慈孝之心五个方面。

一是君子之德。《诗经·卫风·淇奥》中将卫武公比作淇水岸边茂盛的翠竹，借此褒扬其功德，是历史上第一首竹的赞歌。"未出土时便有节，及凌云处尚虚心"这一咏竹绝句，显示了竹之君子的气节之心和高风亮节，显示了竹的虚心自持和虚怀若谷的君子风范。

二是处士之风。《广群芳谱》中记载："竹为处士，梦者当归隐也。"竹的挺拔清逸之姿很容易让人联想到那些不满社会现实、不愿同流合污而顽强保持自己独立人格的处士逸民。竹丛深处，静谧幽雅，远离尘俗，青翠净洁，确实是文人士子托身寄兴的大好去处。唐代李白、孔巢父、韩准、裴政、张叔明和陶沔不愿依附权贵，寄情山水诗酒，世称"竹溪六逸"。晋代嵇康、阮籍、山涛、向秀、阮咸、王戎和刘伶等七贤崇尚老庄哲学，寄情山水，畅游竹林，饮酒作诗，号称"竹林七贤"。

三是淡雅之美。竹不及牡丹华丽、不及松柏伟岸、不及桃李娇艳、不及荷菊妩媚，但却有梅之傲，有兰之幽，有菊之雅。有叶、有形、有节，且四季常青、独具韵味，竹之挺拔、常青不凋之色以及竹的摇曳之声和清疏之影，显示出清新淡雅、幽静柔美的审美特征，营造了静穆清幽的艺术氛围，成为文学家和艺术家创作美的灵感源泉。

四是吉祥之意。《庄子·秋水》中记载"神鸟非竹实不食"，竹是祥和吉利的象征。在中国传统中，竹、松、梅是冬季的三大吉祥植物之一，象征着生命的弹力、长寿、幸福。竹在工艺美术中作为表现题材，寄寓着福、禄、寿、喜、财、发、吉、顺等吉祥内容，数千年来一直在民间装饰美术中流行。此外，还有与竹相关的典故体现了竹的祥兆，如竹报平安是指平安家信，竹苞松茂比喻家族兴旺，势如破竹形容节节胜利等。

五是慈孝之心。传说晋代孟宗，其母生病，冬日想吃笋，孟宗无计可施，于竹林中抱竹而泣，孝感天地，竹子快速长出了竹笋，这就是二十四孝中"孟宗哭竹生笋"的故事。

（二）竹物质文化（竹文化景观）

竹物质文化（竹文化景观）是指人们为了满足生活、生产需要等用竹创造的景象。在中国人的日常生活中，竹和人们的衣、食、住、行、用等密切相关。竹物质文化表现了中华民族的价值观念和心理特性，是中华文化区别于其他文化的重要标志。

1. 竹与服饰

竹子对中国服饰的起源和发展起了重要的作用，秦汉时期就出现用竹制布、取竹制帽子及用竹做防雨的竹鞋、竹斗笠，并沿用至今。嵇含在《南方草木状》中记载"箸竹，叶疏而大，……彼人取嫩者、槌浸纺绩为布，谓之竹练布"。刘邦没有发迹时曾戴过用竹箨制作的帽子，所以这种帽子称为"刘氏冠"，也叫"笠"。古代人使用的竹簪、竹箱笼、竹蓎箕、竹箍等，都是用竹制成的容饰器，长沙马王堆汉墓的出土文物中就有竹笄、角笄、玳瑁等。竹子可制成熏衣工具，如《说文》："篝，笭也，可熏衣。"《方言·卷五》："篝，陈、楚、宋、魏之间谓之墙居。"郭璞注："今薰笼也。"《汉语大词典》"篝"指熏笼。宋陆游《暮秋》："甑香新菰粟，篝暖故衣裳。"这句诗中"篝暖故衣裳"就指用熏笼来温暖衣裳。

现代科学技术还可以将竹纤维与纯棉、真丝合成纤维或交织制成服装、毛巾和床上用品等。

2. 竹与饮食

根据《诗经》、《禹贡》等文献记载，在西周时期竹笋就已成为餐上佳肴。如云南少数民族在烹饪饮食中使用竹子特别是竹笋的历史悠久，并逐步形成一套独特的加工和烹饪技术，根据各竹笋的品质将其制成不同的笋制品，如鲜笋、干笋、酸笋、压笋、泡笋、笋花等。他们还利用特殊竹种的自然特性制作民族风味饮食和饮料，如傣族用香糯竹烧制的竹筒饭、竹筒鸡及竹筒鱼等香味浓郁，吃法别致。

箪（dān）：古代盛饭的圆形竹器。《孟子·梁惠王上》记载"箪食壶浆以迎王师"。

3. 竹与建筑

中国的竹子建筑体现了人们崇尚俭朴的生活情趣和以农为本的生活观念。竹用于建筑历史相当悠久，从原始先民住的"巢居"，到汉代的甘泉祠宫都是用竹子建构而成的。考古发现，距今约6000年的湖南常德澧县东溪乡屈家岭文化的城头山古城遗址，房屋建筑采用编竹夹泥的方式来建造。宋朝以后，在经济发达地区竹建筑渐趋减少，而在南方少数民族地区，竹建筑直至今日仍为重要建筑形式。竹被中华民族用作房屋各个部分的建筑材料，到了"不瓦而盖，盖以竹；不砖而墙，墙以竹；不板而门，门以竹。其余若椽、若楞、若窗牖、若承壁，莫非竹者"（《粤西琐记》）的地步。

竹对少数民族居住文化产生了深刻影响，如竹楼是云南最具代表性、最富特色的民居建筑，它还折射出云南许多民族的文化心理和审美情趣。特别是傣家竹楼尤具民族特色，它分上下两层，四面呈坡形的屋顶，形同"孔明帽"，下层呈方形，颇具立体感，其轻盈、灵巧、实用的造型充分体现了傣族人民因地制宜、就地取材的聪明智慧和创造精神。

4. 竹与交通工具

竹子与交通运输工具和设施的起源与发展有着十分密切的关系，古代人用竹制造"筏"（竹制的便桥）、竹车、竹筏和船以及桥梁。如云南少数民族用竹制造了竹（藤）溜索、竹索吊桥、竹桥、竹筏等多种交通运输设施。

世界上最著名的竹索桥是四川灌县的安澜竹索桥，该桥全长340余米，分8孔，最大跨径约61m，全桥由细竹蔑编粗5寸*的24根竹索组成，其中桥面索和扶挡索各半，建于1803年。2008年四川汶川大地震后，人们惊奇地发现这座已有200多年历史的竹索桥居然一根绳索也没有脱落。

5. 竹与生产生活用具

丰富精美的竹制日常生活器物是中国竹文化构成部分之一。早在旧石器时代的晚期和新石器时代的早期，中国古代先民就利用竹制作生活用器具。据考古发掘，距今5000年前的良渚遗址中就发现了丰富的竹器，明清时期竹制器具达到250余种，体现了中华民族生活艺术化的情趣。

中国的文明是以农业文明为特征而体现的，竹在中国农业发展史上，做出了重要的贡献。考古学和民族资料证明，在原始社会渔猎采集时代的少数民族中仍有其遗存。进入文明社会以后的农业生产工具，如脱粒工具连枷、竹杷、竹箕、竹筛、扬扇、簸箕、晒盘，贮藏器具筐、箩，灌溉工具渴乌、筧竹、连筒、筒车，养鱼捕鱼工具笱、罶、罩、筌、籍、钓竿、鱼断、笼等都是用竹制成的。竹子可制成许多日用品。雨具有竹笠、竹簑、竹伞等，饰具有竹冠、竹簾、竹簏等，坐卧具有竹椅、竹榻、竹床、竹枕、竹席等，玩具有竹马、竹蜻蜓、空竹、竹风筝等，还有竹扇、竹杖、篦等等。

商朝末年周朝初年，竹即开始成为中华民族的书写材料——"竹简"，竹笔是中华民族最早的书写工具。竹制书写工具使汉字的书写趋于艺术化，进而发展形成为书法艺术。

就连古代大臣们上朝时手中拿的用来指画记事用的狭长板子，名叫"朝笏"，有的就是用竹片制成的。

6. 竹与生活环境

竹子具有独特的形态特性和生态习性，所以竹子有很好的生态效益，竹子在调节气候、净化空气、涵养水源、保持水土、防风固沙、减少噪音和为其他生物资源提供生存环境等方面都具有十分重要的作用，所以竹子备受人们的青睐，古往今来人们都用它来保护和美化人类的生活环境。

竹子在我国古典园林中应用十分普遍，《尚书·禹贡》记载"东南之美，会稽之竹箭"，《拾遗记》记载"上林苑"从山西云冈引种竹子到咸阳，《水经注》记载"华林园"中"竹柏荫于层石，绣薄丛于泉侧"。《洛阳伽蓝记》记载洛阳显宦贵族私园"莫不桃李夏绿，竹柏冬青"。《洛阳名园记》对当时的10座宅园的竹子景观进行了描述。《吴兴园林记》记载吴兴的宅园"园园有竹"。《群芳谱》、《山斋清闲供笺》、《闲情偶寄·居室部》、《园冶》、《长物志》等专著都对竹子造园作了详细的论述。

7. 竹与医药

竹子全身多是宝，很多部分及附属物均可入药医

---

* 30寸＝1m。

治多种疾病。

竹叶主要有两个功用，第一是清心利尿，第二个作用是清热生津。《本草纲目》记载："淡竹叶气味辛平，大寒，无毒；主治：心烦、尿赤、小便不利等。苦竹叶气味苦冷、无毒；主治口疮、目痛、失眠、中风等。药用竹叶以夏秋两季采摘嫩叶，晒干、煎水饮；用量2～4钱。"据清代曹庭栋名医所编的《老老恒言》记载："竹叶解渴除烦，中暑者宜用竹叶一握，山栀一枚，煎汤去渣下米煮粥，进一、二杯即愈。"

竹实是竹开花后结的果实，有点像麦子，皮青色，内含竹米，味甜。《广志》记载"实可服食"。《本草纲目》"竹实通神明，轻身益气"。《本草纲目拾遗》"下积如神"。近代研究证明，竹实的营养成分与水稻、麦、玉米相似，除富含淀粉、蛋白质、脂肪之外，还含有18种氨基酸，是一种可开发的药膳资源。

竹根入药，有清热除烦之功效。《本草纲目》："淡竹根煮汁服，除烦热、解丹石发热渴。苦竹根主治心肺五脏热毒气。甘竹根，安胎，止产后烦热。"

竹笋是竹的幼芽，不仅组织细嫩，清脆爽口、滋味鲜美，而且营养丰富，它作为药膳资源在我国有悠久的历史，《本草纲目》、《本草经》、《食疗本草》、《食经》、《齐民要术》、《唐本草》等古典医学名著均有记载。如《本草纲目》：笋味甘、无毒、主消渴、利水益气、可久食。

竹茹是刮去竹青层后的二青层，它相当于劈篾时劈取的二道篾，药剂师把它们加工成又细又软的竹丝。《本草纲目》："淡竹茹，气味甘、微寒、无毒。主治：呕吐，温气寒热，吐血、崩中、止肺痿，治五痔、妇女胎动。苦竹茹，主热壅，尿血。"不同竹种的竹茹能治疗不同的疾病，如淡竹茹主治呕吐、清热、安胎，苦竹茹主治尿血。

竹沥是竹秆用火烧烤后流出来的竹液，药用效果也因竹种而异，如淡竹沥主治中风、烦闷，苦竹沥主治牙痛、眼痛、口疮，慈竹沥主治热风等。

竹砂仁是竹小肉坐菌的药物名称，是肉坐菌科的菌种。寄生于箭竹属竹种的竹秆上。竹砂仁5～6个浸泡于100g白酒中，口服能治疗风湿性关节炎，具有活血、消炎、祛痛的功能。

竹黄也称竹花，是肉坐菌科的菌种。多寄生于刚竹属竹种的枝上，每年4～5月为竹黄生长的季节。竹黄的药理作用是止嗽、祛痛、舒筋、活络，祛风利湿，补中益气，补血通经。主治虚寒胃痛、风湿性关节炎、坐骨神经痛、跌打损伤、筋骨酸痛、四肢麻木、腰背劳损、贫血头痛、寒火牙痛、咳嗽多痰型气管炎、小儿百日咳等。

竹菌系指生于竹林中的菌类，如竹荪是一种真菌，属鬼笔科竹荪菌属。有关它的药膳作用在《食疗本草》、《本草拾遗》、《本草纲目》等医著中均有记载，其营养丰富，肉质鲜美细嫩，对高血压病患者和胆固醇高、体内脂肪过多者有明显疗效，长期食用还有能消除癌细胞等特殊功效，因此竹荪有"植物鸡"、"真菌之花"、"菌中之皇后"等美誉。

另竹蜂也可入药，竹蜂有清热化痰，定惊功用，可治小儿惊风，口疮，咽痛等。

8. 竹与兵器

恩格斯说"蒙昧时代的高级阶段是从弓箭的发明开始的"。古时候，人们用竹子制造武器狩猎和作战，考古发现，30多万年之前的北京人，就发明了竹制弓箭远射复合武器，春秋时期发明了竹制的抛石机，宋代发明了竹制的火药箭和竹管火枪。"揭竿而起"讲的是陈胜吴广发起的中国历史上第一次农民起义，"竿"不仅是一种兵器，也是鼓士气、壮军威的旗竿。有人统计在《三国演义》共有600多处涉及竹及竹制的冷兵器，包括弓、箭、弩、竹竿、火箭、地雷、战筏、竹桥、云梯、兵符、竹杖等，《三国演义》可以称为中国古代竹兵器的百科全书。

有人研究认为对中国和世界兵器发展影响最大最深远的竹兵器有5种，一是弓箭；二是"长竹竿火枪"和"巨竹为筒的突火枪"；三是"削劲竹为鞭箭的火药鞭箭"；四是"用削薄竹作筒身的火龙出水"；五是"以薄竹片为身的飞空砂筒"。

（三）竹精神文化（竹文化符号）

竹精神文化（竹文化符号）就是将竹赋予象征宗教观念和理想人格、表现审美情感和审美理想的功能，人们的内在情感、观念常借竹而得以象征、表现和寓意，因而竹成为中华精神文化的一种重要符号，也就是我们常说的竹精神文化（竹文化符号）。

1. 竹与祖先崇拜

祖先崇拜与图腾崇拜有相通之处。但从民族、氏族的支系繁衍来说，图腾虽然也是祖先，但血统却是比较远的，而祖先崇拜的血统则相对较近。祖先崇拜是在世界许多民族中普遍存在的原始宗教现象，有的地方还一直沿袭至今。在崇祀祖先的活动中，包含着许多竹文化，竹在祖先崇拜中的应用，从器具上看，主要表现在以竹制作祖先神房、祖先神位、供祭的固定用具与临时用具等。

2. 竹与宗教

我国从战国开始就崇拜竹子，并逐渐把竹子非凡化和神圣化，把竹视为具有延年增寿和送子神秘力量的"灵草"，人们常崇拜竹以祈求人的生命力和生殖力像竹一样万古长青，子孙后代繁衍不息。彝族、傣族、景颇族等少数民族把竹作为本民族的祖先和保护神进行祭祀，使竹成为一种图腾。竹宗教符号象征着中华民族虔诚的宗教情感、对现实的态度及对未来的热望。

（1）竹与佛祖

在小乘佛教用傣语写的《二十八佛诞生记》书中记载：第15代佛释迦牟尼（即佛祖如来）原是一个平民，当他官升佛成释迦牟尼时，是在弯钩刺竹下换穿黄披巾的（升佛的象征物），弯钩刺竹从此就成了他升佛的证据而被尊为佛树。

（2）竹与菩萨

观音菩萨住在普陀山的"紫竹林"，在普陀山双峰山下潮音洞上相传就是观音居住的"紫竹林"，现有紫竹林庵。

（3）竹与佛徒

佛徒以竹为名号的也有不少，如九华山清代就有一个竹禅大师，他平生最热爱竹子，还擅长画竹，留下了不少竹诗竹画作品，九华山佛教文物珍品贝叶经上有他的墨迹。

（4）竹与寺院

寺院园林植物中，竹作为佛树之一而被广泛栽植，成为寺院的一个重要的组成部分并受到僧侣们的敬重。寺院名称也有不少是以"竹子"命名的，如北京"竹林禅寺"、普陀山"紫竹林庵"、扬州的"金竹寺"、镇江"竹林寺"、温州龙翔"竹庵"等。

同时，竹与素食、佛教教育、佛教艺术、佛教音乐、佛教节庆、佛教教义等的关系都十分密切，中国竹文化集中体现在做人的原则和精神方面，中国佛教积极吸取、融合竹文化。所谓学佛，先从做人开始，亦即学佛的第一步，在于首先完善人格，好生做个人，做个有人格的人，只有先成为一个完善的好人，然后才谈得上学佛。"青青翠竹、尽是法身，郁郁黄花、无非般若。"东晋时代著名的佛教学者僧肇大师的这首诗则更清楚地表明了中国佛家弟子的超然、达观的人生态度，也含蓄地道出"翠竹"的文化意蕴。

3. 竹与占卜

以竹卜事情的吉凶，在古今中外的民间应用极广。占卜为什么要用竹？据民间传说，在洪水济天的洪荒时代，天下只剩下躲在葫芦中的伏依兄妹二人，金龟和竹子撮合过伏依兄妹的婚姻，使人类得以繁衍下来。后人认为金龟和竹子有先见之明，所以巫师就用龟壳和竹根作卜具，用来打卦问卜以判断吉凶。竹卜最简单的形式，是折取竹枝占卜。

4. 竹与民俗

竹，谐音"祝"，"祝（竹）君""祝（竹）福"，表达人们对美好、幸福和吉祥的愿望。中国历史上有"竹祖龙孙道崇拜"，民间有"爆竹声声祈平安"的习俗。在民俗文化中，竹具有多重比喻和象征语义。

（1）象征富贵、高升、平安、吉祥

在民俗文化中，竹常常用来象征富贵、高升、平安、吉祥。殷商时代用竹简写的书叫"竹书"，用竹简写的信叫"竹报"，竹报即旧时家信别称，把竹报平安作为平安多福的代名词，自古就有"花开富贵，竹报平安"之说。中国民间的风水观也认为，竹是风水好的标志之一，现代人也喜在家居或办公室摆放富贵竹或好运竹，表达富贵、高升、平安、吉祥的愿望。

（2）象征爱情坚贞、夫妻幸福

竹在民间风俗中是爱情坚贞、夫妻幸福的象征。在民间的婚庆活动中，人们常常在婚房贴上"竹梅双喜"图，以竹和梅寓意夫妻。南方婚俗把竹作为吉祥之物使用，是为了讨好的吉兆，如用竹棍挑开新娘盖头、抬竹轿、送竹扇等。民间文学和传说中也有把竹与爱情相联系的故事，元代石子章的剧本《竹坞听琴》，描写了罗道姑郑采鸾在竹坞听琴，同秀才秦修然相遇，两人互相爱慕而相结合的故事，而湘妃的斑竹泪更使竹成为女子对爱情矢志不渝的写照。

（3）象征童年和童年玩伴

竹还常用来象征童年和童年玩伴，李白《长干行》诗："郎骑竹马来，绕床弄青梅。同居长干里，两小无嫌猜。"古代儿童以竹竿当马骑即为竹马，"鸿车竹马"代指童年，"竹马之友"、"竹马之交"喻指儿童时期的玩伴，"青梅竹马"形容男女幼年时亲密无间。

（4）象征后代昌隆、家族兴盛

民俗中农村新屋落成时，多用"竹苞松茂"比喻家族兴盛，四季平安。北魏时在今山东、浙江部分山区盛行"夏种树，冬种竹"的诞辰习俗，象征子孙后代像竹一样繁衍不息。闽南俗语"歹竹出好笋"常用来比喻笨劣的父亲生了个优秀的儿子。歇后语"竹子冒笋，一代胜似一代"也喻指后代兴盛昌隆。在江浙等地有栽"落地竹"或"子孙竹"的习俗，婴儿降生第3天，亲友们挖3根竹子送来并栽好，希望孩子能像竹子一样快速生长、兴旺。

此外，竹还广泛用于成语典故、俗语、谚语和歇后语中，表达不同的语义。如罄竹难书、胸有成竹、哀丝豪竹、日上三竿、茂林修竹、竹丝管弦、竹坞听琴、竹林精舍、青梅竹马、竹梅双喜、滥竽充数、

势如破竹、断编残简、大笔如椽、箪食壶浆、借箸代筹、急管繁弦、梦笔生花、敲竹杠、竹篮打水一场空、竹林的笋子——嘴尖皮厚、竹筛子兜水——漏洞百出等，都以竹作为比喻表达特定的含义。

5. 竹与诗歌

早在远古时期，竹就被当作原始歌谣的描绘内容，其后《诗经》、《楚辞》、《汉乐府》、《古诗十九首》等著作对竹和竹制器物均有大量描绘。以诗咏竹首见于《诗经》，如《诗经·小雅·斯干》："如竹苞矣，如松茂矣。"以松竹比喻人事的兴旺。汉赋中有枚乘《梁王兔园赋》"修竹檀栾"之句；汉乐府民歌亦有咏及竹者，如《汉乐府·白头吟》"竹竿何袅袅"；汉代诗歌中也已开始出现以竹为题材来书写情志的咏物诗，如《古诗十九首》："冉冉孤生竹，结根泰山阿；与君为新婚，兔丝附女萝。"至南朝时期，伴随着山水诗的出现，诞生了以竹为中心意象的咏竹文学，其代表作品就是谢朓的《秋竹曲》和《咏竹》。

历代文人墨客对竹吟咏不断，创造出大量的咏竹文学作品，由彭镇华、江泽慧著的《绿竹神气》一书收集有关"竹"的诗词文赋有万首之多。有人统计《全唐诗》有诗48900首，作者2200人，其中竹诗有2574首，占5.2%，作者有375人，占17%。

6. 竹与书画

中国画竹始于唐朝，至五代十国时期墨竹画已问世。隋末到盛唐是敦煌壁画中竹子题材出现较多的时期之一，在401窟、322窟、220窟、209窟、338窟都发现有精美的竹画。北宋的"湖州竹派"被后人尊为中国文人墨竹绘画的开山祖师，元代的柯九思、高克恭、倪瓒，明代的王绂、夏昶、徐渭，清代以郑燮、金农、李方膺、罗聘等人为代表的"扬州八怪"、蒲华、吴昌硕等，都是画竹的顶级高手，他们树一代画竹新风，促进了画竹艺术的发展，对画竹技法和理论的发展作出了重要的贡献。现在，中国的文人画中的墨竹仍长盛不衰，这是中国特有的文化现象。

7. 竹与乐器和音乐

在中国传统乐器的制作方面，竹是制作的重要材料。《礼乐》记载："金、石、丝、竹乐器也。"自周朝开始，历代都使用竹管定音律，"丝竹"是音乐的代名词，唐代甚至把演乐器的艺人称为"竹人"。我国民乐有1000多种，其中吹奏乐器中一半是竹制的，如筝、笛、箫、管、竽、笙、簧等。

民间用的竹留、竹箫、茎模、竹琴、芦笙，京戏二胡的竹筒、檀板以及口技中的含片，都是用竹子制成的。苗家舞蹈中的跳竹梯，杂技演员用竹竿扛大旗，也都是非竹莫属。"工欲善其事，必先利其器"，没有竹子制成的二胡，阿炳怎么能奏出那令人心碎的《二泉映月》；没有竹乐器葫芦丝，《月光下的凤尾竹》也无法享誉世界。

8. 竹与娱乐生活

竹制品可以用来做游戏，即博戏。在各种棋类娱乐中，博戏出现最早，两汉时期已极为流行。马王堆3号墓出土了最具代表性的整套投骰博具，放置在漆盒内，由局、棋、箸、骰等组成，其中有长箸12支、短竹箸30支。竹子还可以用来做儿童游戏的用具——竹马，后来竹马被赋予了多重意蕴，如象征童年、稚气，比喻儿时纯洁真诚的情谊等。爬竿是我国古老的体育活动，春秋时期叫"扶卢"，汉代属"百戏"之一，其器具所用的主要材料均为竹子。

9. 竹与雕刻

竹子雕刻是竹文化发展到一个新阶段的重要标志，最早见于《齐书》，齐高祖尝赐予隐士明僧绍一支竹制之如意。嘉定竹刻是我国工艺美术百花园中的一枝绚丽多姿的奇葩，明嘉定南翔人朱鹤，擅长书画，精于篆刻，首创深刻为基本作法的浮雕和圆雕的竹刻技术，朱鹤的传世作品有《朱鹤笔筒》、《无量寿佛》等。朱鹤之子朱缨，也长书画，师承父亲，以刀代笔，善刻古仙佛像及山川树木，传世作品有《归去来辞笔筒》。朱缨之子朱稚征，技艺更为精湛娴熟，题材更加宽广，传世作品为《仕女笔筒》、《残荷花》等。自"三朱"以后，嘉定竹刻人才辈出，清代康熙时的吴之番，在继承"三朱"技法的基础上，另创一种薄地阳文刻法，传世作品有《滚马图笔筒》、《牧牛笔筒》等。后又有以深雕竹根人物闻名于世的封锡爵、封锡禄、封锡章三兄弟以及周灏、周笠等竹刻家。清代前期是嘉定竹刻的鼎盛时期以技法齐备、作品精绝而称誉遐迩，嘉定被人们誉为"竹刻之乡"。

近代的竹屏、竹画、竹雕、竹贴画、竹制小玩艺和许多既实用又美观的竹制工艺品，如竹椅、竹桌、竹床、竹瓶等等，装点人们的生活，使之更加丰富多采。

（四）中国竹文化的现状

随着人类环保意识的加强，竹子的优良特性和开发价值得到重新认识。从1997年起每两年一届举行"中国竹文化节"，竹文化节的宗旨"弘扬竹文化，发展竹产业"，中国竹业走向了快速发展的道路，第七届中国竹文化节于2012年11月9日至10日在江苏宜兴举办。1997年11月，总部设在北京的国际竹藤组织正式成立，更是世界竹业的一大盛事。由彭镇华、江泽慧编著的《绿竹神气》在2006年10月第5届中国竹文化节上举行了隆重的首发式。《绿竹神气》收录的上古至清代有关"竹"题材的诗词文赋，再现了千百年来人们种竹、用竹、爱竹、赏竹、咏竹、写竹、画竹所留下的墨宝丹青，昭示了中华竹文化的源远流长、博大精深。由彭镇华、江泽慧编著的《绿竹神气——中国一百首咏竹古诗词精选（中英文版）》首发式2012年12月22日在人民大会堂举行。江泽民为该书作序，江泽民在序言中指出："中国是竹类植物的起源中心，也是竹子资源最丰富的国家。在漫长历史进程中，中华文化形成了特有的竹文化。"其他对竹文化进行研究的组织机构、科研成果、专著论文等也如雨后春笋般蓬勃发展。

近年来，我国兴建了大量的竹子旅游风景区、竹子公园、竹子博物馆。如四川的蜀南竹海位于宜宾市境内长宁、江安两县交界处，景区面积120km²，中心景区7万余亩*。蜀南竹海于1988年被批准为"中国国家风景名胜区"、1999年公布为"中国生物圈保护区"、2001年批准为首批"国家AAAA级旅游区"、2003年通过世界"绿色环球21"认证、2005年获评"中国最美的十大森林"。

扬州个园、上海万竹园、南京菊花台公园、成都

---

* 15亩＝1hm²。

望江楼公园、广州晓港公园、北京紫竹院公园等都十分有名。位于浙江省安吉县的中国竹子博物馆是我国目前展馆面积最大、展品最丰富、设施最先进的竹子专题博物馆。

2006年国家林业局在福建武夷山市举行的第五届中国竹文化节上，新评定出福建建瓯、永安，广西兴安等30个"中国竹乡"。30个竹乡的竹林总面积约为130万hm²，占全国竹林面积的1/4左右。

历经了几千年的风雨，神奇、多彩、朴实的中国竹文化，正在同现代文化交融综合、与时俱进、不断创新，获得进一步发展。

三、扬州竹文化

扬州是国务院1982年公布的首批24座历史文化名城之一。扬州建城始自周敬王34年，吴王夫差开邗沟、筑邗城，距今已有2500年历史。扬州这座城市自古与竹就有不解之缘，竹是扬州的特色和"知名"植物，竹是"扬州"的象征、竹是"扬州"的名片、竹渗透到扬州人的物质和精神生活之中，竹文化是扬州文化的重要组成部分。

（一）竹是"扬州"的象征

战国时魏国人士托名大禹的著作《尚书·禹贡》记载"淮海惟扬州……筱簜既敷，厥草惟夭，厥木惟乔……厥筐织贝，厥苞桔柚……"。这里的"筱"为小竹子，"簜"为大竹子，"筐"为竹器，"苞"为冬笋。说明那时扬州就有大面积的竹林分布，所以才

有竹材、竹笋的进贡。

隋炀帝于扬州建长阜苑，竹是苑中造景的主要植物，唐代诗人鲍溶的凭吊长阜苑遗址赋《隋炀帝宫二首》中有"柳塘烟起日西斜，竹浦风回雁弄沙"，该诗句就是当时园景的真实写照。

日本僧人圆仁（794~864年），在唐朝学习将近10年，他用汉文写的《入唐求法巡礼有记》记载唐代的扬州城的景象是"竹木无处不有，竹长四丈许为上"。

唐代姚合的《扬州春词三首》"有地惟栽竹，无家不养鹅"也是扬州自古多竹的写照。

康熙南巡，为天宁寺留下了大量题字、诗歌、楹联，成为这座寺庙的特殊财富。其中有"寄怀兰竹"匾额，《幸天宁寺》五言诗："十里清溪曲，丛篁入望深。暖催梅信早，水落草痕侵。俗有鱼为业，园饶笋作林。民风爱淳朴，不厌一登临。""空濛为洗竹，风过惜残梅。鸟语当阶树，云行动早雷。晨钟接豹尾，僧舍踏芳埃。更觉清心赏，尘襟笑口开"说明清代扬州竹子很多。

扬州与竹有关的名胜古迹众多，最为著名的是现在位于扬州城北的竹西公园，竹西公园是在原竹西旧址上兴建的，"竹西"二字来源于杜牧《题扬州禅智寺》"谁知竹西路，歌吹是扬州"的名句，后来上方禅智寺改为"竹西寺"，"竹西寺"中建"竹西亭"，这便是"竹西"称谓之由来。宋代姜夔《扬州慢》开篇就是："淮左名都，竹西佳处"，清乾隆帝南巡时曾临幸禅智寺，并御题"竹西精舍"，"竹西"也就成了扬州的别称或代名词。曹雪芹的祖辈曾经在扬州为官，曹雪芹在北京完成《红楼梦》初稿后，总感到灵感不够，很多地方写得不很理想，便移居扬州，在扬州的竹西寺吸取扬州文化和历史文化的精髓，对《红楼梦》初稿进行了修改、增删和润色，极大地丰富了内容、深化了涵义。现

在所看到的《红楼梦》中有150多处涉及竹子、描述竹子、赞美竹子，不能不说其中许多与扬州的竹子、扬州竹文化是分不开的。

扬州历史上曾聚集了一大批著名的学者、诗人、画家，竹因其本身的姿态美，以及积淀其上的文化内涵，被历代文人墨客欣赏，也同样被扬州的文人士子们所钟爱。清扬州八怪之首的郑板桥，就写有"二十年前载酒瓶，春风依醉竹西亭。而今再种扬州竹，依旧淮南一片青"。"扬州竹"，这是一个极富有诗意的名称，就像"扬州月"一样（天下三分明月夜，二分无赖是扬州），让人在不经意间，读懂了一个城市，读懂了一个城市的历史与文化。"扬州竹"已成为"扬州"的象征，也是人们对这座国家森林城市、园林城市、生态城市的一种记忆。

（二）竹是扬州的"名片"

1. 园林名片

扬州园林的兴建始于什么时代说法不一，一般认为是在西汉，刘氏皇族吴王、江都王、广陵王的都城均建有宫室林苑，如吴王刘濞曾在广陵（今扬州）北郊雷陂（雷塘）筑钓台。

南朝宋文学家鲍照《芜城赋》中提及扬州早期园林兴盛之时有"若夫藻扃黼帐，歌堂舞阁之基；璇渊碧树，弋林钓渚之馆"之赋句，其中就包括有竹林的种植。

《宋书·徐湛之》载："城北有陂泽，水物丰盛。湛之更起风亭、月观、吹台、琴室，果竹繁茂，花药成行。招集文士，尽游玩之适，一时之盛也。"可见，在扬州宋代的园林中，竹子就是园林造景的重要植物。

欧阳修号称"六一居士"，任扬州太守时在平山堂种植竹子，清光绪《增修甘泉县志》卷之十引《避暑录话》称："后有竹千余竿，大如椽，不复见日色，苏子瞻诗所谓'稚节可专车'是也。"说明了当时平山堂的竹子非常大、非常多、非常茂盛。

扬州园林在元代比较衰落，但元末著名文人成元章的居竹轩，是扬州历史上第一座以"竹"命名的园林。园主人从平淡的竹景中取得意境，造成一种"老夫住进山阴曲，万竹中间一草堂"（元代王冕《扬州成元章居竹轩》）的幽雅环境，用来表达园主人"定居人种竹，居定竹依人"的建园求隐思想，达到了人种竹、竹依人、人化为竹、竹化为人、物我两忘、天人合一的境界。

明代大兴造园之风，扬州园林得到了很大的复兴，出现了许多著名园林。见于著录的名园有"皆春堂"、"江淮胜概楼"、"竹西草堂"、"康山草堂"、"西圃"、"首蓿园"、"荣园"、"小东园"、"乐庸园"、"偕乐园"、"休园"、"影园"、"遂初园"等园。这些名园中均用竹景作为主景和辅景配置。

明代造园艺术巨匠计成中年前在仪征、扬州等地，中年后定居镇江，将自己一生的造园经验进行总结、提炼、加工，写成了世界上第一部系统研究总结古典园林设计建造理论的巨著《园冶》，计成主持建造的3处著名园林是东第园、寤园、影园。其中东第园在常州，寤园在仪征，影园在扬州，影园旧地就是现在的荷花池公园，影园是计成设计并督造的成就最高的一座园林，在当时名园众多的扬州，被公推为第一名园。因地处柳影、竹影、水影、山影之间，著名书画家董其昌将其命名为影园。

清代扬州园林建设盛况空前，成为江南园林的代表之一。《扬州画舫录》载有："杭州以湖山胜，苏州以市肆胜，扬州以园亭胜，三者鼎峙，不可轩轾。"清初扬州有王洗马园、卞园、员园、贺园、冶春园、南园、筱园和郑御史园等八大名园。到了乾隆年间，私家园林遍布扬州城，瘦西湖园林群景色怡人，融南秀北雄为一体，所谓"两岸花柳全依水，一路楼台直到山"，其名园胜迹，散布在瘦西湖的两岸，出现了"西园曲水"等二十四景为代表的湖上园林60余座，俨然是一幅次第展开的国画长卷，扬州园林步入了黄金时代，有"园林之盛，甲于天下"之誉。清代扬州园林以竹命名的有筱园、个园、水竹居、竹楼小市、三分水二分竹书屋等。以竹造景成了清代扬州园林造景的特点和特征，达到了无园不竹的程度。《扬州画舫录》系统地记载了当时扬州园林的盛况，从中可以看出竹景观是清代扬州园林首选的造园要素，达到了无竹不园、无园不竹的程度，可谓是"处处修草绿筱，片片青碧竹海"。

现在扬州园林名胜中以竹为名、竹景出色的有"个园"、禅智寺"竹西芳径"、"锦泉花屿之绿竹轩"、"筱园花瑞"、"大禹风景竹园"等。

个园是中国四大名园之一，位于扬州东关街，是清嘉庆、道光年间两淮商总黄至筠（黄应泰）在寿芝园旧址上修建的。园内植竹万竿，园名取苏轼"宁可食无肉，不可居无竹；无肉令人瘦，无竹令人俗"的诗意，同时三片竹叶组成的形状非常像"个"字，而"竹"字是由两个"个"所拼合而成，所以古时候的人常常用"个"字来代替竹字，清袁枚有"月映竹成千个字"，《六书本义》"个竹一枝也"，《史记·货殖列传》"竹竿万个"。而园主十分爱竹，于是取"竹"中之"个"，且形似竹叶，这"个"乃竹之"提喻"，故名个园。在园门的正上方中间的石额上刻"个"字，形如二片竹叶。不过在扬州对"个"还有三种说法：一是"个"亦有"独一无二"之意，即园主人希望他所建造的园子是世界上独一无二的；二是"个"是"竹"字的一半，以此隐喻园中植有世界上一半的竹子；三是在画中国画时"个"由三笔组成一把伞形，象征天时、地利、人和三者鼎力扶持，这正是商人所期盼的境界。

个园的四季假山实际上是用不同的石头以分峰叠石的方法，利用木石之间的不同搭配，幻化出春、夏、秋、冬四季之景色。其中春山以青竹配置上参差不齐、错落有致的石笋石，意寓冬去春来、雨后春笋、欣欣向荣的景象。

竹林、竹径、竹丛是个园的重要组成部分，个园现已经种植观赏价值很高的竹子80多种，还建了竹语馆、竹盆景馆、兰花馆、竹西佳处等竹文化景点，到处竹石造景、花丛竹径、清丽满目、万竿千姿、呼之欲出……

个园之"个"隐喻"竹'，"竹"又隐喻人。个园的主人黄至筠认为竹具有高尚的品格，本固、心虚、体直、节贞，有君子之风，他在住宅汉学堂里挂的郑板桥对联"咬定几句有用书，可忘饮食，养成数竿新生竹，直似儿孙"，就是用来教育自己的子女要像竹子那样的正直。

扬州流传着一个"担焖黄山笋"的故事。黄至筠十分喜欢竹子，他不仅自己的名字里有竹，在园中种竹，以竹意题园名，而且还十分喜欢吃竹笋，尤其最爱吃黄山产的竹笋，而且是还要吃刚挖出土的新鲜竹笋，但黄山离扬州路途较远、交通不便，如何能够吃到新鲜出土的新鲜竹笋呢？一般的人没有办法办到，可对富有的大盐商来说，就不一样了，他请人专门为他设计了一种可以移动的火炉，在黄山采到竹笋后立刻洗净切好，和肉一起放到锅里焖上。然后让脚夫挑着火炉连夜快速向扬州赶，等人到了扬州，竹笋和肉也煨好了。

禅智寺"竹西芳径"。禅智寺也叫上方禅智寺、上方寺，又名竹西寺，故址在扬州东门外月明桥北。1989年在原竹西故址上兴建竹西公园，禅智寺是隋唐时期扬州最著名的寺庙之一，名声远播全国。关于禅智寺故址，史书中也有很多记载。《清统一志》记载："在府城东一十五里，本隋炀帝故宫，后建为寺。"《扬州览胜录》记载："禅智寺即上方寺，在便益门外五里，地居蜀冈上，冈势至此渐平，寺本隋炀帝行宫。"《扬州画舫录》记载："竹西芳径在蜀冈上，冈势至此渐平。"扬州北郊，蜀冈中峰向东至湾头，方圆十余平方千米的地域都称之为"竹西"。晚唐诗人杜牧多次来扬，杜牧在《题扬州禅智寺》写道："谁知竹西路，歌吹是扬州"，"竹西"成为了扬州的代称。月明桥、竹西亭、昆丘台、三绝碑、苏诗石刻、吕祖照面池、蜀井、芍药合称"竹西八景"。宋姜白石《扬州慢》中的"竹西佳处"，清代扬州景物中的"竹西芳径"，乾隆题的"竹西精舍"，都是来源于此，影响深远。

历代咏竹西的诗词有800多首，到过"竹西芳径"的皇帝有11位，大文豪李白、杜牧、苏东坡、欧阳修、吴敬梓、曹雪芹、"扬州八怪"等均在竹西留下多篇诗文佳作。

"锦泉花屿之绿竹轩"。《扬州画舫录》记载，"锦泉花屿"园分东西两岸，中间有水相隔，水中双泉浮动，故又名"花屿双泉"。现在瘦西湖万花园景区内恢复重建的"锦泉花屿"区域内有水牌楼、清远堂、藤花书屋、绿竹轩、水厅等景点。"锦泉花屿"保留了扬州园林传统的造园风格，栽种了各种各样形态的上万株竹子，并且有很多是珍稀竹种，已经形成自身的特点和特色，锦泉花屿之绿竹轩成了扬州的"小个园"。

"筱园花瑞"。《扬州画舫录》记载："筱园"本称"小园"，是清朝康熙年间翰林程梦星告老还乡时购置的住所。旧址在今瘦西湖公园内，"二十四桥"边、"熙春台"北偏西处，方圆四十亩，遍植芍药。小园襟带保障河，北揽蜀冈二峰，东接宝城，南望红桥。筱即竹也，扬州著名画家方世庶为程梦星画竹补壁，故以"筱园"命名。"筱园"花浓竹淡，园小境大，乾隆年间，名士卢雅雨为纪念欧阳修、苏东坡和王文简，将筱园改名为"三贤祠"，因卢雅雨来扬州考察时，见院中芍药花开三蒂，他以为很吉祥是吉兆，故又称之为"筱园花瑞"。"筱园花瑞"旧址现大部分为铁道部扬州疗养院，占地五十余亩，该院采用古典园林建筑风格，古色古香，与瘦西湖景区相融合，与扬州古城风貌相融合，广植各种竹子，修竹万竿、花浓竹淡、绿漪可爱、幽静秀美，整体布局基本保留了清代遗址的风格风貌，被江苏省命名为"园林式单位"。

"大禹风景竹园"。该园位于扬州江都区丁伙镇，由江都农民禹在定、禹迎春父子1999年创建，占地面积30多公顷，先后引进百余种观赏竹进行驯化，并从中重点筛选了观赏性好、抗性强、能在长江以北地区露地生长的80多种观赏竹种进行培育。同时进行集约化标准化栽培、丰产配套栽培、全梢栽植培育技术、带鞭母竹专用林培育、容器繁殖与扦插育苗、轻型栽培基质配方等的系统研究，集竹子生产、教学、科研与生态观光旅游于一体，现已成为国际竹藤网络中心、中国林业科学研究院、江苏省林业科学研究院、南京林业大学竹类研究所等单位的竹类科研基地以及南京林业大学、扬州大学的教学实习基地，同时也是国家级江都花木农业标准化示范区先进示范单位和江苏省放心消费创建活动示范行业先进单位。

2. 竹画名片

　　扬州地处要冲，交通便利，土地肥沃，物产丰富，经济繁荣。到了清代，扬州成为我国东南沿海的大都会城市和全国重要的贸易中心。富商大贾，四方云集，尤其是盐业兴盛，就使得全国的贩盐商人纷纷在扬州安家落户。经济的繁荣，也促进文化艺术事业的兴盛。各地文人名流，汇集扬州。民谚有"家中无字画，不是旧人家"之说，当时的扬州，不仅是东南的经济中心，也是文化艺术的中心。

　　扬州的文人画竹始于何时，说法较多不太一致，不过到了中晚唐时期，竹已成了文人墨客喜欢的绘画素材了，并涌现了一大批画竹名家。五代以后，画竹渐成风气，名家辈出。北宋苏轼等创立"湖州竹派"被后人尊为墨竹绘画的鼻祖，"胸有成竹"的成语典故也出自苏轼，苏轼《文与可画筼筜谷偃竹记》："故画竹，必先得成竹于胸中，执笔熟视，乃见其所欲画者，急起从之，振笔直遂，以追其所见，如兔起鹘落，稍纵即逝矣。"到了明末清初，文人墨客画到了一个高峰阶段，主要代表人物是原济（石涛）等人。石涛集前人之大成，在形象、笔墨、神采、意境等方面达到了新高峰，

为墨竹开辟了一个新纪元，他的《兰竹当风》、《竹石图》、《兰竹坡石》等作品使人感到竹的动势，竹的力量，竹的内涵和竹的韵律。石涛晚年定居在扬州，对扬州画坛的画风影响深远，据考证扬州很多有名的假山也都是石涛的作品，石涛提出"笔墨当随时代"、"无法而法"的口号，宛如空谷足音，震动画坛，所以有"石涛开扬州"之说。

　　"扬州八怪"也称"扬州画派"，即在清代乾隆、嘉庆年间扬州画坛上活跃着的一批风格相近的书画家总称。"扬州八怪"究竟指哪些画家，说法不尽一致。据《扬州画舫录》记载，当时本地画家及各地来扬画家稍具名气者就有一百数十人之多，其中杰出的代表人物有15人之多，主要是金农、黄慎、郑燮、李鳝、李方膺、汪士慎、高翔、罗聘、闵贞、高凤翰、李勉、杨法、华喦、陈撰、边寿民等人。他们从大自然中去发掘灵感，从生活中去寻找题材，下笔自成一家，不愿与人相同。被当时正统画派视之为"怪"，因此形成了一个流派——扬州画派，习惯上称之为"扬州八怪"。

石涛墨竹画　　　　　　　　　李方膺墨竹画

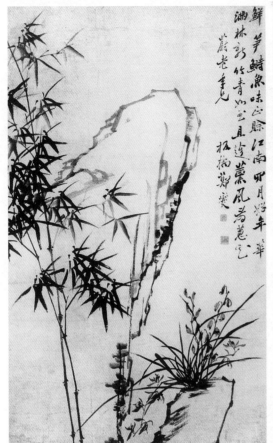

郑燮墨竹画

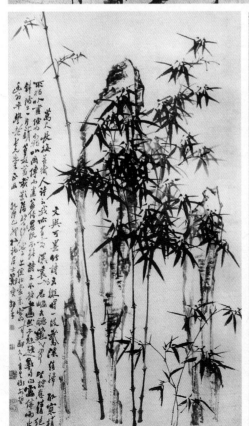

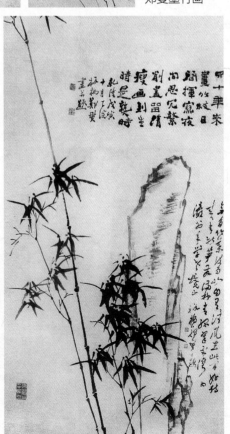

扬州八怪之一的李方膺，他的风竹笔墨豪放、形象生动。他在乾隆十六年作的一幅风竹上题词道："画史从来不画风，我于难处夺天工；请看尺幅潇湘竹，满耳丁冬万玉空。"充分表现了竹子的声响和动态，形象十分生动。李方膺在乾隆十八年所作一幅风竹上的题诗亦别有风趣："波涛宦海几飘蓬，种竹关门学画工，自笑一身浑是胆，挥毫依旧爱狂风。"李方膺是因为不善阿谀逢迎而被逐出官场的，虽有感于"波涛宦海"，然而依旧充满着睥睨权贵的反抗精神。疾风与劲竹也正是画家的艺术观和人生观的一种表现，而题诗正好相得益彰，墨竹是讲究抒情写意的，李方膺的风竹正是抒情言志的杰出作品。

金农号冬心先生，58岁才开始学画，他的墨竹格调清新，淳朴而拙厚。他也很善诗文，画论尤有较大的影响。八怪中大多擅长画竹，在竹画史上有着继往开来的卓越成就。

"扬州八怪"中以竹画见长的要首推郑燮，郑燮（1693～1765年），字克柔，号板桥，江苏兴化人。曾任山东范县、潍县知县，后被诬罢官回乡，在扬州卖画为生。诗书画皆精，影响极大。工于兰竹，尤精墨竹。主张继承传统"学三撇七"，强调个人"真性情"、"真意气"，多借画竹抒发心志。所画墨竹，挺劲孤直，干湿并用，布局疏密相间，以少胜多。重视诗文点题，并将书法题识穿插于画面之中，形成诗书画三者合一的效果。传世代表作品有藏于故宫博物院、上海博物馆、辽宁省博物馆等处的《墨竹图》轴、《兰竹图》轴等。

郑板桥对竹子有特殊的感情，可谓别具慧眼，独领风骚。郑板桥的画竹艺术借鉴石涛又有所创新，自称所画之物为"四时不凋之兰，百节常青之竹；万古不败之石，千秋不变之人"。竹石画体占其作品的大部分。他在著名的《竹石图》中写道："竹君子，石大人，千岁友，四时春。石依于竹，竹依于石，弱草靡花，夹杂不得。咬定青山不放松，立根原在破岩中。千磨万击还坚劲，任尔东西南北风。"令人击节称绝。他在另外的题画中写道："两枝修竹出云霄，岁叶新草倒挂梢。本是同根复同气，有何卑下有何高。"、"一节复一节，干枝攒万叶。我自不开花，免撩蜂与蝶。"、"一片绿荫如洗，护竹何劳荆杞。仍将竹作篱笆，求人不如求己。"、"谁与荒斋伴寂寥，一枝柱石上云霄；挺然直是陶元亮，五斗何能折我腰。"这些题画诗，表面上看，作者咏的是竹石，但已不限于对自然界竹石的一般描写，而是蕴含了作者深刻的思想感情，表现出竹宁折不弯的人格魅力。他在潍坊当知县时县衙中挂了一幅自画像，其题诗云："衙斋卧听萧萧竹，疑是民间疾苦声。些小吾曹州县吏，一枝一叶总关情。"这位爱竹、画竹、题竹、咏竹的名士，有竹一般的性格，竹一般的风范，竹一般的挺拔，竹一般的清高，昂然挺立的墨竹艺术与铮铮作响的诗句结合是郑板桥人格的写照。

借画托物寄志，抒发胸臆。郑板桥的画竹法同样有明显的书法用笔，郑板桥晚年写了一首诗："四十年中画竹枝，日间挥写夜间思。冗繁削尽留清瘦，画到生时是熟时。"他提出画竹的三个阶段，即眼中之竹、胸中之竹和手中之竹以及三个阶段的变化，"画到生时是熟时"是讲画竹讲究先"生"后"熟"，再达到"生"，这里的"生"和"熟"的关系也就是"胸无成竹"和"胸有成竹"的关系。郑板桥画竹同样是数竿竹枝，却千姿百态，笔墨变化万端，有新竹、老竹、晴竹、风竹、水乡之竹、山野之竹、庭院之竹、盆景之竹的区别，并呈各自不同的情态，形神兼备，意象万千。郑板桥就是竹子的化身，他的竹画作品成为扬州最好的名片。

3. 人居名片

在扬州人的日常生活中，竹子具有十分重要的作用和影响，竹与人们的衣、食、住、行、用、娱等方面都密切相关。竹篮、竹筛、竹鞋、竹斗笠、竹伞、竹床、竹席、竹凳、竹椅、竹几是老扬州人所熟悉的家居物品，竹篙则曾是"车马少于船"的扬州出行的必备工具。在吃的方面，扬州富春的名点"三丁包子"、"五丁包子"中都有笋丁，共和春"饺面"的馅料配料中主要也是竹笋，另外如春笋烧鲴鱼、竹笋烧肉、手撕竹笋等都是扬州人喜欢的菜肴。非常值得一提的还有"扬州毛笔"、"扬州清曲"、"扬州道情""扬州灯彩"、"扬州竹刻"等。

"扬州毛笔"。2010年"扬州毛笔制作技艺"入选国家级非物质文化遗产名录。扬州毛笔和安徽宣州的宣笔、浙江湖州的湖笔、北京的李福寿毛笔，并列为中国毛笔四大流派。扬州毛笔以其麻胎作衬而独树一帜，享誉400余年。特别是名为"湘江一品"的名牌，被誉为"笔中之王"。扬州毛笔的制作工艺十分繁难，大体分为水盆、装套、旱作3个环节，总共有120多道工序，环环相扣，道道严谨，每一个环节、每一道工序都显现出高超的技艺。扬州毛笔完整制作技艺的单位，位于江都花荡的江都国画笔厂，成为这项国家级"非遗"的传承单位。

"扬州清曲"是国家级非物质文化遗产，清代康、乾年间是其鼎盛期，是苏北地区历史悠久、非常普及并具有广泛影响的曲艺之一。扬州清曲大部分音乐源自本地小调，其次为"传自四方"的各地小调，其音乐具有通俗性、地域性和民间性。曲词题材极其广泛，大多和老百姓的生活密切相关，曲目非常丰富。每个演唱曲目有一至数人参加，至今保持传统坐唱形式，演唱者本人需持一件乐器边唱边演奏，另外还有一个人数不等的小型乐队伴奏，伴奏的乐器以丝竹管弦为主。

"扬州道情"一度也曾被称为"板桥道情"。渔鼓、简板为扬州道情的伴奏乐器，亦作道具使用，渔鼓（亦称道筒）是在竹筒上面蒙有鼓皮，简板是两片约1m多长的竹片制成。李斗《扬州画舫录》的记载"大鼓书始于渔鼓、简板说孙猴子"就是说的道情。董伟业《扬州竹枝词》咏道："深巷重门能引入，一声声鼓说书人。"这里说的扬州鼓书，也包括了以渔鼓伴唱的道情。竹板打竹枝，笑唱社会、笑唱人生。

"扬州灯彩"（江苏省非物质文化遗产）主要有"玩灯"和"彩灯"两大类。"玩灯"是孩童手中娱玩的花灯，大致有三种：一是提在手上玩的"提灯"，有西瓜灯，莲藕灯，荷花灯，小红灯等。二是举着玩的"挑灯"，有龙灯，蛤蟆灯，蝴蝶灯及西游记人物、八仙人物灯等。三是拖着玩的"拉灯"，有兔子灯，麒麟灯，马灯及船灯等。"玩灯"也是一种纸扎工艺，多用竹篾扎成骨架，外表糊上彩纸，有的还用笔墨略加勾画，灯的中心可以插上红烛。夜晚点亮时，烛光摇曳，流光溢彩，孩童纷纷走出家门，提着的，拖着的，宁静的街巷口，此时便成了热闹的花灯展示会。另一类的"彩灯"是固定悬挂在庭院内外，供人们观看欣赏的。这类彩灯的造型更是多种多样，扎制工艺也更为复杂。先用铁丝、竹竿扎出框架，再用绢、纱蒙出表面，灯上部要饰以碧瓦飞檐，缤纷流苏，灯下部要画出人物、山水、花鸟。这已不是寻常意义上的灯盏了，而是集纸扎、装裱、剪纸、书画、诗文、木刻为一体的高档艺术品，这类彩灯是扬州灯彩艺术的代表作，具有独特的地方风格。

"扬州竹刻"艺术可追溯到西汉早期，经考证，扬州邗江区杨庙镇刘毋智西汉墓出土的竹刻"山水古柏图"是目前国内发现最早、保存最完好的由扬州人雕刻的艺术品实物。扬州竹刻分浅刻、深刻、皮雕、实雕等，浅刻又有两种，一种是在竹笋上刮刻作画，如山水、人物和花鸟等，另一种是在竹笋上刻字，字体小而微，讲究字体的神似。扬州竹刻工艺流程分选材、晾干、刮皮、擦油、上稿、奏刀等。扬州竹刻一直以其精细入微、含蓄顿挫、富于神韵而著称。有关扬州竹刻知名之士，最早当推清乾隆时期浙江新昌人潘西风，其寓居扬州多年，开创了浅刻，创造了新刀具、新刻法，以刀代笔，将书画艺术浅刻于竹之表面，其法如在纸绢上书画，形成了扬州独特的地方特色，被郑板桥誉为"濮仲谦后一人"；近代则有周无方、何其愚、黄汉侯、吴南敏与宫宜庵等名家；现代有郑振声、阮衍云、陈苏平、吴吉太、池家俊、高志明、袁忠熙、张子麟、陈飞等名家。现在扬州竹刻艺术进入了一个新的发展时期，竹刻艺术家们以发展的眼光审视竹刻的文化属性与艺术特质，探索竹刻自身发展之路，走进大众生活，挖掘生活之情趣，现代扬州竹刻作品题材更趋广泛，文化含量更为丰富，手法更为精湛，使扬州竹刻更具艺术价值。

竹子对扬州人居环境的改善功不可没，竹子是扬州城市园林绿化的重要植物材料，竹子具有独特的形态特征和生态习性，因此，竹子具有很好的生态功能，如竹子地下鞭根系统生长发育非常快、生长迅速，极容易繁殖成丛、成林，竹子比一般的乔灌木树的抗逆能力要强很多，竹林群体能够较好地自然延续和保持相对稳定。这种特殊的生物学特性对调节气候、环境改善、水土保持具有不可忽视的重要作用。另外，扬州地处江北，冬季绿色植物相对较少而落叶树种偏多，竹子是常绿植物，尤其是在落叶季节突出了竹子的青绿效果。扬州的市树之一为垂柳，竹子的婀娜多姿与垂柳的细叶柔枝正好相得益彰，显得非常协调。

可以列出很多很多与竹有关的文化符号，可以说"有地惟栽竹"、"竹木无处不有"的环境养育了一代代扬州人、造就了扬州城，造就了扬州的文化。没有竹或者说缺少竹，就不是完整的扬州、鲜活的扬州、创新的扬州、精致的扬州和幸福的扬州。

现在扬州已经是国家森林城市、园林城市、联合国人居奖城市，正在建设成为"城在园中、园在城中、城园一体化格局"的生态园林城市，进而向古代文化与现代文明交相辉映的世界名城迈进。创响"绿杨城郭是扬州"品牌，扬州竹文化是扬州文化的特征和特点之一，因此，扬州要充分利用这一得天独厚的资源优势，发挥竹子在物质文明和精神文明建设的作用，城乡共同发展，不仅要在城市绿地中多栽种竹子，在乡镇、乡村也要加快竹子发展的步伐，为冬季增加绿色，改善生态环境，绿化美化城镇和乡村。要积极传播竹子知识，营造竹文化氛围，全面弘扬竹文化，提高竹子文化的知名度，提高扬州城乡的两个文明建设水平。宣传扬州、宣传和弘扬扬州竹文化是我们这代扬州人应尽的责任和义务，也是我们撰写这本《扬州竹》的原因。

现在我国正在大力推进生态文明建设，把生态文明建设融入我国经济建设、政治建设、文化建设、社会建设的各方面和全过程，努力建设美丽中国，实现中华民族永续发展。竹子创造了中华文化，竹子滋生了中华文化，竹子弘扬了中华文化。发展竹产业对于绿化美化环境、建设美好家园，调整产业结构，促进城乡人均收入增长，扩大社会就业，提高人民生活质量，全面建成小康社会，推进生态文明建设，都具有十分重要的作用。

竹子分布于北纬46°至南纬47°之间的热带、亚热带和暖温带地区,竹子是重要的森林资源。全世界竹类植物约有70多属、1200多种。世界的竹子地理分布可分为3大竹区,即亚太竹区、美洲竹区和非洲竹区,有些学者单列"欧洲、北美引种区"。

中国是世界竹类植物的起源和分布中心之一,是竹资源最丰富的国家,被誉为"竹子王国"。

由国际竹藤组织(INBAR)、联合国环境规划署(UNEP)、联合国粮农组织(FAO)、中国及其他INBAR成员国合作开展的全球首次竹资源评价于2005年完成。来自亚洲、南美洲、非洲的22个主要产竹国提交了以全球森林资源评价框架为基础的竹资源国家报告。根据该报告,全球森林面积约22.39亿公顷,其中竹林面积约8879万公顷。非洲、亚洲太平洋和拉丁美洲竹林面积比重分别为30%、39%和31%。全球竹林面积为森林面积的3.9%,三大竹产区的竹林面积分别为各洲森林面积的4.1%、4.4%和3.2%。

中国是世界竹子分布中心,中国有竹类植物约34属、550多种,现有竹林面积约540万公顷,占全国森林面积的2.8%。每年可砍伐毛竹10亿～12亿多枝,年产各类其它竹材450多万吨,竹林成为中国重要的森林资源。中国竹林资源集中分布于除新疆、黑龙江、内蒙古等少数地区以外的浙江、江苏、江西、安徽、湖南、湖北、福建、广东,以及西部地区的广西、贵州、四川、重庆、云南等27个省、市、自治区的山区。其中以福建、浙江、江西、湖南4省最多,占全国竹林总面积的60.7%,南方13个省(区)竹林面积在1万公顷以上的县(市)有130多个。由于中国各地气候、土壤、地形的变化和竹种生物学特性的差异,竹子分布具有明显的地带性和区域性,大致为五大竹区:北方散生竹区、江南混合竹区、西南高山竹区、南方丛生竹区和琼滇攀援竹区。

扬州有竹子100余种。下面将扬州现有的13个属、111种竹子按形态特征、竹景地点、观赏特性分别进行介绍。

一、簕竹属 *Bambusa*

孝顺竹
Bambusa multiplex

形态特征

（1）箨：箨鞘厚纸质，硬脆，先端左右不均齐，初绿色，后淡棕色，外面无毛，内面光滑；箨耳缺或微弱；箨舌高仅1mm，全缘或具细缺刻；箨片两侧不对称。

（2）叶：叶片披针形，长5～8cm，宽0.6～1.0cm，先端渐尖，并具锐尖头。

（3）秆：秆高3～7m，径1～3cm，节间长20～40cm，青绿，初微被白粉，有白色或棕色小刺毛。

（4）笋：笋期8～11月。

此竹为丛生竹中耐寒竹种之一，分布华南、西南、华东各地。日本及东南亚各国亦有栽培。

竹景地点

扬州的景点、道路绿化、单位绿化、小区绿化等种植较多。

观赏特性

竹丛密集，枝叶繁茂翠绿，姿态优雅，高大的竹丛气势雄壮，在扬州冬天竹丛上部叶片会受冻。

21 湖南孝顺竹
Bambusa multiplex 'Hunan'

形态特征

为孝顺竹栽培变异类型，竹秆丛生密集程度不如孝顺竹，竹秆基部不生竹叶，有的竹秆斜长，有的竹秆下部弯曲，比较耐寒。主要分布在华南、西南、华东各地。

竹景地点

个园、瘦西湖公园、瘦西湖温泉度假村、江都引江水利枢纽、文昌西路展览馆路段等。

观赏特性

竹丛密集，枝叶繁茂翠绿，姿态优雅，高大的竹丛气势雄壮，在扬州可保持四季常青。

 3 # 银丝竹
Bambusa multiplex 'Silverstripe'

形态特征

为孝顺竹的栽培变异类型，与孝顺竹的主要区别在于秆下部的节间以及箨鞘和少数叶片等皆为绿色而具白色纵条纹，生长势较孝顺竹弱，在扬州冬天竹丛上部叶片会受冻。原产华南地区。

竹景地点

大禹风景竹园等地。

观赏特性

竹丛密集，枝叶繁茂，叶片具白色纵条纹，姿态优雅。

 # 花孝顺竹
Bambusa multiplex 'Alphonse-karr'

别名
小琴丝竹。

形态特征
为孝顺竹栽培变异类型，其区别在于秆与枝金黄色，并间有粗细不等的绿色纵条纹。初夏出笋不久，竹箨脱落，秆呈鲜黄色，在阳光照耀下显示橘红色。分布范围与孝顺竹同，耐寒性不及孝顺竹。

竹景地点
扬州的景点、道路绿化、单位绿化、小区绿化等种植较多。

观赏特性
为著名观赏竹。竹丛密集，秆与枝金黄色，并间有粗细不等的绿色纵条纹，姿态优雅，高大的竹丛气势雄壮。

51 凤尾竹
Bambusa multiplex 'Fernleaf'

形态特征
　　为孝顺竹栽培变异类型，植株低矮，秆高仅1～2m，径4～8mm，叶片小，长2～7cm，宽不逾8mm，小叶线状披针形至披针形，且叶片数目甚多，排列成羽毛状。枝顶端弯曲。分布长江流域以南各地，在较寒冷地宜盆栽，冬季入室。

竹景地点
　　扬州的景点、道路绿化、单位绿化、小区绿化等种植较多。

观赏特性
　　是著名观赏竹，竹丛秆矮、叶较小而密集，形态优雅，适庭园配植或盆栽。

6 观音竹
Bambusa multiplex 'Riviereorum'

形态特征

为孝顺竹栽培变异类型，秆高1～3m，直径3～5mm，节间实心；小枝具叶13～23，弓状下弯；叶片长1.6～3.2cm，宽2.5～6.5mm。原产华南地区。

竹景地点

扬州的景点、道路绿化、单位绿化、小区绿化等种植较多。

观赏特性

竹丛秆矮、叶较凤尾竹更小而密集，形态优雅，适庭园配植或盆栽，可作绿篱。

71 大佛肚竹
Bambusa vuldaris 'Wamin'

形态特征

（1）箨：秆箨无毛，箨鞘先端较宽，鞘口繸毛多条，呈放射状排列；箨耳发达，圆至镰刀形；箨舌高仅0.3～0.5mm，边缘具齿牙；箨片披针形，直立或上部箨片略向外反转。

（2）叶：叶片卵状披针形至长圆披针形，长5～9cm。

（3）秆：灌木状，此竹种若露地栽植，在华南一带秆高可达5m以上，径粗5～7cm。若作盆栽，植株矮小，秆高仅50～100cm，直径3～5cm。

（4）笋：笋期6～8月。原产华南地区。

竹景地点

大佛肚竹在扬州不能露地越冬，只能温室栽培。

观赏特性

秆有2～3种类型，正常秆节间为圆筒形，中间类型秆为棍棒型，畸形秆节间则呈瓶状。可观秆、观姿。

8 | 小佛肚竹
Bambusa ventricosa

形态特征

（1）箨：箨鞘无毛，为深绿色；箨耳发达，圆形、倒卵形或镰刀形，鞘口具纤细刚毛；箨舌很短。

（2）叶：叶片卵状披针形至长圆披针形，长4～7cm。

（3）秆：灌木状，露地栽培秆有正常和畸形两种。畸形秆植株矮小常用于盆栽，高25～50cm，直径0.5～1cm。节间缩短，下半部肿胀如弥勒佛大肚状，

分枝的节间亦缩短肿胀。

（4）笋：笋期6～8月。原产广东、湖南。

竹景地点

温室盆栽。

观赏特性

娇小奇特，是盆栽珍品，观赏价值高。

9 金明小佛肚

Bambusa ventricosa 'Kimmei'

别名

金丝葫芦竹，为葫芦竹（小佛肚竹、佛竹）的栽培变异类型。属于簕竹属常绿灌木型丛生竹。

形态特征

秆分为两种形态，有正常秆、畸形秆。正常秆与琴丝竹秆极为相似，秆型为普通竹秆形状，秆色为金黄与深绿纵纹相间，但黄色比例较琴丝竹更高。秆高1～2m，径0.5～1.5cm；畸形秆基本特征与正常秆相同，但畸形秆秆型膨大呈佛肚状，秆高仅为正常秆的1/3左右，堪称黄、绿相间的袖珍佛肚竹。

另一重要特征是竹叶的颜色为大片深绿色中夹有白色至浅黄色纵向细条，在以绿色作为基本叶色的竹类植物中，尤显与众不同。

竹景地点

该竹种为我国华南、台湾地区优化培植而成，属于较为稀有的名贵品种，近年来引入扬州。金明小佛肚在扬州不能露地越冬，只能温室栽培。

观赏特性

金明小佛肚综合了佛肚竹、琴丝竹等传统名优观赏竹的优异特性，在秆型、秆色、叶色等方面均有着极高的观赏价值。并且株型小巧，极适合布置花坛、家庭盆栽。

10 金丝慈竹
Bambusa emeiensis 'Viridiflavus'

形态特征

（1）箨：箨环明显，在秆基数节其上下各有宽5～8mm的一圈白色茸毛。丝鞘革质，背部密集贴生棕黑色刺毛，先端稍呈山字形；箨耳不明显，狭小，呈皱折状，鞘口具长12mm细毛；箨舌高4～5mm；箨叶直立或外翻，披针形，先端渐尖，基部收缩成圆形，腹面密被白色小刺毛，背面之中部亦疏生小刺毛。

（2）叶：叶片质薄，长10～30cm，宽1～3cm，先端渐尖，基部圆形或楔形。

（3）秆：主干高5～10m，顶端细长，弧形，弯曲下垂如钓丝状，粗3～6cm。节间长达60cm，贴生

2mm的灰褐色脱落性小刺毛。

（4）笋：5、6月长笋，笋不堪食。

分布于四川、贵州、云南、广西、湖南、湖北西部、陕西南部及甘肃等地。生长于平地及低丘。

竹景地点

大禹风景竹园等地。

观赏特性

竹秆基部常具浅黄色条纹，竹秆梢部下垂，为优美的庭园观赏竹种。

二、方竹属 *Chimonobambusa*

11 | 方竹
Chimonobambusa quadrangularis

形态特征

（1）箨：箨鞘早落，短于节间，背面无毛或有时在中上部贴生极稀疏小刺毛，小横脉紫色，具缘毛；箨耳及箨舌均不发达；箨片锥状，长3～5mm。

（2）叶：小枝具叶2～5；叶片长圆状披针形，长9～29cm，宽1～2.7cm，下面初时被柔毛，次脉4～7对。

（3）秆：秆高3～8m，直径1～4cm；节间长8～22cm，下部节间略呈四方形，幼时密被黄褐色瘤基小刺毛，毛脱落后留有瘤基而粗糙；箨环初时被黄褐色茸毛及小刺毛；秆环稍平坦或在分枝节上甚隆起；秆中部以下各节内具发达的气生根刺，秆每节上枝条3枚。

（4）笋：笋期9～11月。

产浙江、安徽、江苏、江西、福建、台湾、湖南、广西和四川；香港、广州有栽培。日本有分布。欧美一些国家有引栽。

竹景地点

个园、瘦西湖公园、大禹风景竹园等地。

观赏特性

观秆为主。竹秆方形，别具一格。秋季出笋、枝叶繁茂，也适宜观笋、观姿。一般庭院造园时，可选择背风、阴湿、朝东的墙边屋旁、水池、溪边栽植。较耐阴，还可作乔木树种的下木栽培。

12 刺黑竹
Chimonobambusa purpurea

别名
刺竹子、刺刺竹、牛尾竹。

形态特征
（1）箨：箨鞘薄纸质，宿存或迟落，在秆基部者长于其节间，呈长三角形，先端渐尖，背面紫褐色而夹有灰白色小斑块或圆形斑，疏被棕色或黄棕色小刺毛，鞘基的毛密集成环状，小横脉明显，中上部边缘具颇为发达的黄色纤毛；箨耳缺。

（2）叶：末节小枝具2～4叶；叶鞘无毛，纵肋明显，长3.5～4.5cm；叶舌截形，上表面绿色，下表面淡绿色，无毛或在基部具灰黄色柔毛，次脉4～6对；叶柄长1～3mm。

（3）秆：秆高4～8m，直径1.5～5cm，共有30～35节，中部以下各节均环生有发达的刺状气生根，后者数目可多达24条；箨环隆起，初时密被黄棕色小刺毛，以后变为无毛；秆环微隆起。

（4）笋：笋期8月中旬至9月。产四川、重庆、陕西南部和湖北西部。

竹景地点
个园、大禹风景竹园等地。

观赏特性
优美观赏竹种，以观秆观姿为主，也是著名的笋用竹种。

13 | 平竹
Chimonobambusa communis

形态特征

（1）箨：箨鞘早落，纸质或厚纸质，鲜笋时为墨绿色，解箨时为浅黄色，长圆形或长三角形，背部平滑无毛，有光泽，纵脉纹不甚明显；无箨耳。

（2）叶：末节小枝具2或3叶；叶鞘革质，无毛而略有光泽，背部上方具1纵脊和多数纵肋，长2～4cm；叶耳缺，但在鞘口有直立继毛数条，其长为3～7mm；叶舌低矮，高约1mm，截形，上缘无继毛；叶柄长2～3mm，叶次脉4或5对，小横脉清晰，边缘的一侧密生细锯齿而粗糙，另一侧则具疏细锯齿或平滑。

（3）秆：秆高3～7m，粗1～3cm；节间长（8）15～18（25）cm，基部节间略呈四方形或为圆筒形。

（4）笋：笋期5月。产湖北、四川、贵州等地。

竹景地点

大禹风景竹园等地。

观赏特性

观姿观叶为主。

14 月月竹
Chimonobambusa sichuanensis

形态特征

（1）箨：箨鞘薄纸质，短于节间，先端三角形，纵肋明显；箨耳缺失；箨舌高约1mm；箨片长达3.5cm。

（2）叶：叶片长10～26cm，宽1.5～3cm，无毛，下面淡绿色，次脉5～7对，小横脉明显；叶鞘口繸毛弯曲，长5～12mm；叶耳缺失，叶舌高1～1.5mm。

（3）秆：秆高2～4.5m，直径0.8～2cm；节间长17～30（38）cm，无毛，壁厚1.5～3mm；箨环初时具刺毛；秆环在分枝节上隆起；秆芽3，贴生。

（4）笋：笋紫绿色或紫色，笋期7～10月。产重庆、四川等地。

竹景地点

个园、大禹风景竹园等地。

观赏特性

以观姿观叶为主，栽培于公园、宅旁，或盆栽作观赏。

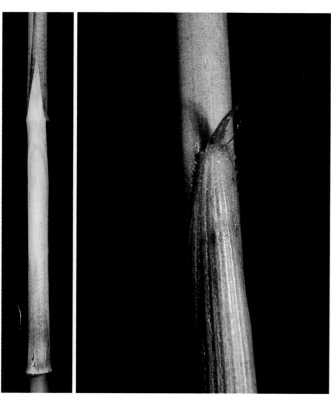

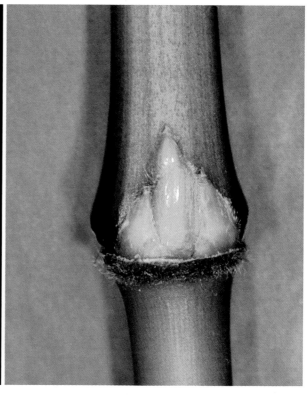

15 | 寒竹
Chimonobambusa marmorea

形态特征

（1）箨：箨鞘薄纸质，宿存，长于其节间，背面的底色为黄褐色，但间有大理石状灰白色色斑，无毛，或仅基部疏被淡黄色小刺毛，鞘缘有不明显而易落的纤毛。

（2）叶片薄纸质到纸质，线状披针形，长10～14cm，宽7～9mm，次脉4或5对。

（3）秆：秆高1～1.5m，基部数节环生刺状气生根，径粗0.5～1cm；节间圆筒形，长10～14cm；秆每节分3枝，以后可成多枝。

（4）笋：笋期9～10月。原产浙江、福建、四川、云南、广西等地。

竹景地点

个园、大禹风景竹园等地。

观赏特性

观姿观秆为主。竹姿高雅，极为优美，为著名的庭园观赏竹种。

16 红秆寒竹
Chimonobambusa marmorea 'Variegata'

形态特征

为寒竹的栽培变型。小型混生竹，株高58～120cm，径0.4～0.7cm，秆红色至粉红色，每节3分枝，枝叶繁茂，叶片窄披针形或带状披针形，偶尔有具不规则白色条纹，枝叶繁茂，分株繁殖易，特别适于盆栽。在浙江和福建等省有分布，扬州现已引种栽培。

竹景地点

大禹风景竹园等地。

观赏特性

秆红色至粉红色，枝叶繁茂，耐修剪，适于盆栽，观赏价值极高，为庭院及室内绿化的优良观赏竹种。

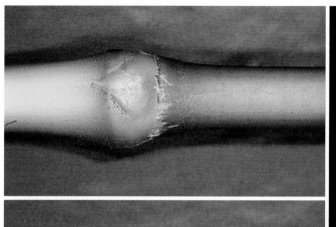

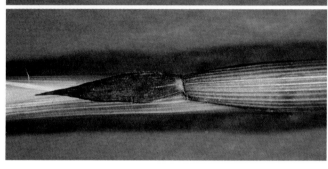

17 | 筇竹
Chimonobambusa tumidissinoda

形态特征

（1）箨：箨鞘紫红或紫带绿色，早落，背面脉间被棕色疣状刺毛，边缘密生长纤毛；无箨耳，繸毛长2～3mm；箨舌圆弧形，密生小纤毛；箨叶直立。

（2）叶：每节分枝3枚，叶片狭披针形。

（3）秆：秆高2～6m，胸径1～3cm。节间圆筒形，长10～25cm，基部数节近实心，秆环强烈隆起如二盘扣合状。箨环具箨鞘残留物，略呈木质环状，幼时被棕褐色刺毛。

（4）笋：笋期3～4月。原产四川、云南。

竹景地点

大禹风景竹园等地。

观赏特性

观秆和观叶为主。秆节奇特，枝叶纤细，为优良名贵的观赏竹种。适宜于营造各类园林小品，特别是适合制作山石竹子小品。另外也是盆栽或制作盆景的优良材料。

三、阴阳竹属 *Hibanobambusa*

18 | 白纹阴阳竹
Hibanobambusa tranguillans 'Shiroshima'

别名

锦竹。

形态特征

为阴阳竹的栽培变异类型。

（1）箨：箨鞘背面具多数脉纹，被淡黄白色长硬毛或小刺毛，边缘密被纤毛；箨耳及边缘继发达，箨舌高0.5～1mm；箨片无毛。

（2）叶：秆每节1分枝，长达60cm。小枝具叶4～9，叶片长15～20（25）cm，宽4～5cm，先端渐尖，基部阔楔形，两面无毛，次脉5～7对，边缘小锯齿细密。叶片绿色有黄、白色纵条纹；通常一年生竹的叶片白色纵条纹多。

（3）秆：秆高2～4m，直径1～3cm；节间长达35cm，深绿色，无毛，节下常被一圈白粉，箨环稍隆起，无毛；秆环隆起。秆、枝也呈现少数白色纵条纹。

（4）笋：笋期5月。原产日本岛根县能义郡伯太町比婆山，生于松树与阔叶树的混交林下。

竹景地点

扬州的景点、道路绿化等种植较多。

观赏特性

为珍稀彩叶观赏竹种，观赏价值很高。叶片较宽大，新叶叶色鲜绿，间有白色、黄色条纹，非常靓丽，适宜于盆栽或地栽做地被植物。

四、箬竹属 *Indocalamus*

19 | 箬竹
Indocalamus tessellatus

形态特征
（1）箨：箨耳缺；箨舌截形，高1～2mm，背部被棕色微毛；箨片狭披针形。

（2）叶：小枝具叶2～4，叶片长20～46cm，宽4～11cm，下面灰绿色，密被贴伏短柔毛或无毛，中脉两侧或仅一侧生有一条毡毛，次脉8～16对，小横脉明显。

（3）秆：秆高0.7～1.5m，直径4～8mm，节间长约25～35cm，圆筒形，但在分枝一侧基部微扁平，节下方被贴生的红棕色毛环，秆环隆起箨鞘长于节间，背面密被紫褐色伏贴的瘤基刺毛。

（4）笋：笋期4～5月。产浙江、安徽、福建和湖南。

竹景地点
扬州的景点、道路绿化、单位绿化、小区绿化等种植较多。

观赏特性
观叶为主。叶形较大，色翠绿，枝叶纷呈，竹丛状密生。竹叶可包粽。常丛植于林缘、山崖、台坡、园路石阶左右，以构成自然景色。

20 | 箬叶竹
Indocalamus longiauritus

别名

长耳箬竹。

形态特征

（1）箨：箨耳大，镰形，长3～55mm，宽1～6mm，绿色带紫，干时棕色，有放射状伸展的淡棕色长继毛，其长约10mm；箨舌高0.5～1mm，截形，边缘有长为0.3～3mm的流苏状继毛或无继毛；箨片长三角形至卵状披针形。

（2）叶：叶片大型，长10～35cm，宽1.5～7cm，先端长尖，基部楔形，下表面无毛或有微毛，叶缘粗糙。

（3）秆：秆直立，高0.8～1m，基部直径3～8mm；节间长（8）10～55cm，暗绿色有白毛，节下方有一圈淡棕带红色并贴秆而生的毛环，秆壁厚1.5～2mm；秆节较平坦；秆环较箨环略高；秆每节分1枝，惟上部有时为1～3枝。

（4）笋：笋期4～5月。原产华东、华中及陕南双江流域。

竹景地点

大禹风景竹园等地。

观赏特性

观叶为主。叶形较箬竹小，竹丛状密生。常丛植于林缘、山崖、台坡、园路石阶左右，以构成自然景色。此外，也可作为地被物在林下配置。

21 | 阔叶箬竹
Indocalamus latifolius

形态特征

（1）箨：箨鞘外面密被棕褐色短刺毛，有时无毛，边缘具棕色纤毛；箨舌平截；箨片近锥形，直立。

（2）叶：末级小枝具3～4片叶，叶片长圆形，长20～34cm，宽3～5cm。

（3）秆：秆高1～1.5m，径5～7mm，中间节间长12～25cm，具微毛，节平，节下有淡黄色粉质毛环，秆箨宿存，质坚硬。

（4）笋：笋期5月。分布浙江、江苏、安徽、福建、江西及西南等地。

竹景地点

扬州的景点、道路绿化等种植较多。

观赏特性

宜配植于庭园、点缀山石。叶片可包粽子，制笠帽、船篷等用品，竹秆可制作筷子。

22 美丽箬竹
Indocalamus decorus

形态特征

（1）箨：箨耳椭圆形或镰形，鞘口䍁毛长4～5mm；箨舌高约1mm，边缘具纤毛；箨叶卵形或卵状披针形，背面无毛，腹面脉间具毛。

（2）叶：每小枝具2～4片叶，带状披针形，长20～35cm，宽3～5.5cm。

（3）秆：秆高0.4～0.8m，径0.3～0.5cm。新秆绿色，密被白粉，竹壁厚实心。秆箨短于节间，鲜时黄绿色，密被白粉。基部具一圈深棕色刺毛，宿存，两面无毛。

（4）笋：笋期5月。分布广西。

竹景地点

个园、瘦西湖公园、瘦西湖温泉度假村、大禹风景竹园等地。

观赏特性

宜作庭园林下地被植物或绿篱。

23 | 棕粑箬竹
Indocalamus herklotsii

形态特征

（1）箨：箨鞘易破碎，光亮，有时沿边缘具有稠密的纤毛；箨舌极短，截平形或微突起，背部被有粗硬毛，边缘或具微纤毛；箨片宿存性、直立，卵状披针形，先端具长尖，两面均无毛，嫩时玫瑰色。

（2）叶：小枝通常具3叶；叶舌极短，背部被有粗硬毛，先端凸出，边缘具微纤毛；叶柄长0.1～0.4cm，基部向上生有小刺毛；叶片长14～29cm，宽1～5cm，披针形或长圆状披针形，先端具长渐尖的芒状尖头，无毛，上表面常为淡灰色，嫩时先端有时被短柔毛，次脉6～9对，小横脉形成长方格状。

（3）秆：秆直立或近于直立，通常高2m，直径5～6mm，全体无毛，光亮，秆壁厚，近于实心。

（4）笋：笋期为春夏。原产广东。

5～7月采摘鲜叶，民间常用来包粽或作蒸食垫底，也可作粑粑等食品的包料、垫料，具有独特的清香味。叶、根入药。味甘、性寒。清热止血，解毒消肿。

竹景地点

大禹风景竹园等地。

观赏特性

多年生常绿灌木状竹，宜作庭园林下地被植物或绿篱。

巴山箬竹
Indocalamus bashanensis

形态特征

（1）箨：箨耳和繸毛均不存在；箨舌高2～4mm，近截形，边缘有繸毛，无毛；箨片短，窄披针形。

（2）叶：叶片椭圆状披针形或带状披针形，长25～35cm，宽3～8cm，先端渐尖，基部楔形或宽楔形，叶缘之一侧粗糙，另一侧平滑；次脉10～13对，小横脉形成近方格状。

（3）秆：秆高2～3m，直径1～1.5cm，全株被白粉呈粉垢状；节间圆筒形，中空，秆中部的节间长38～42cm，每节间中部以上密被易落的疣基刺毛，秆壁厚2～3mm；秆环较箨环略高。箨鞘宿存，短于节

间，干后黄棕色带红色，紧密贴生棕色疣基刺毛，基部有栓质圈。

（4）笋：笋期为春夏。产陕西镇巴、紫阳、太白山和湖北秭归。喜生于石灰岩山坡沟谷。

竹景地点

大禹风景竹园等地。

观赏特性

多年生常绿灌木状竹，宜作庭园林下地被植物或绿篱。

25 | 毛鞘箬竹
Indocalamus hirtivaginatus

形态特征

（1）箨：箨鞘一般长于节间，革质，紧抱秆，新鲜时绿色，顶端渐尖稍带紫色，背部密被棕色伏贴疣基刺毛；箨耳无或微弱，存在时疏生粗糙的繸毛；箨舌高0.7～1.8mm，背部有短毛，边缘疏生粗糙的纤毛；箨片直立，线状披针形。

（2）叶：叶耳无；叶舌高1～2mm，边缘有灰色纤毛；叶柄长0.5～0.7cm；叶片长椭圆状披针形，长19～34cm，先端尾尖，宽4.5～7cm，两面无毛，次脉9～12对，小横脉呈方格状。

（3）秆：秆高约2m，直径0.8～1cm；节间圆筒形，节间长12～19cm，秆壁厚1.5～2mm；秆环略高；箨环平坦；枝条被白色和淡棕色的伏贴柔毛，以及稀疏贴生呈褐色向下的硬刺毛。

（4）笋：笋期4月上中旬。原产江西。

竹景地点

大禹风景竹园等地。

观赏特性

多年生常绿灌木状竹，宜作庭园林下地被植物或绿篱。

五、大节竹属 *Indosasa*

26 | 橄榄竹
Indosasa gigantea

别名

江南竹。

形态特征

（1）箨：箨鞘革质，箨耳发达，卵状至椭圆状，繸毛长达10mm；箨舌高3～5mm，中部有尖峰状突起；箨叶披针形至长三角形，绿色。

（2）叶：叶片披针形，长8～13cm，宽1.4～2cm，先端渐尖。

（3）秆：秆高7～10m，胸径5～8cm。节间长约60cm，新秆绿色，被白粉，呈猪皮状凹纹，老秆黄绿色。秆环隆起，具脊。每节3分枝，开展。

（4）笋：笋期5～6月，笋味极苦不堪食用。原产福建。

竹景地点

个园、瘦西湖公园、大禹风景竹园等地。

观赏特性

观姿为主。竹秆高大挺拔，竹丛密集，枝叶繁茂翠绿，姿态优雅，高大的竹丛气势雄壮。适宜于营造各类竹林和竹径景观，也适宜与水体、建筑等园林景物配置成景，特别适宜制作障景、隔景、对景等。

27 | 摆竹
Indosasa shibataeoides

形态特征

（1）箨：箨鞘脱落性，背面淡橘红色、淡紫色或黄色，具黑褐色条纹，疏被刺毛和白粉，无斑点或有时具细小斑点，箨耳通常较小，为箨片基部向外延伸而成，呈镰形，具放射状继毛；小秆的箨鞘背面常光滑无毛，无箨耳和继毛；箨舌微隆起或作山峰状隆起，高约2mm，先端具白色短纤毛；箨片三角形或三角状披针形，基部常向内收窄，绿色，具明显紫色脉纹。

（2）叶：末级小枝通常仅具一叶，叶鞘紫色，稀为2叶；叶片椭圆状披针形，两面无毛，下表面呈粉绿色，次脉4～6对，小横脉明显。

（3）秆：秆高达15m，直径10cm，新秆深绿色，无毛，节下方明显具白粉，老秆渐转为绿黄色或黄色，并常具不规则的褐紫色斑点或斑纹；中部节间长达40～50cm；小竹的秆环常甚隆起，高于箨环，大竹的秆环仅微隆起；秆中部每节分枝，枝开展。

（4）笋：笋多为淡橘红色或淡紫色，笋期4月。产湖南南部、广东及广西山区。

竹景地点

大禹风景竹园等地。

观赏特性

观姿观叶为主。

中华大节竹
Indosasa sinica

别名

大眼竹。

形态特征

（1）箨：箨鞘脱落，背面绿黄色，干后黄色，具隆起纵肋，并密被簇生的小刺毛，在下半部尤密；箨耳发达，较小，两面均生有小刺毛，繸毛卷曲，长1～1.5cm；箨舌高2～3mm。

（2）叶：末级小枝具3～9叶；叶耳发达，或有时不明显，繸毛带紫色，长达8mm，早落；叶片通常为带状披针形，长12～22cm，宽1.5～3cm，位于叶枝顶端的叶片有时宽达5～6cm，两面绿色无毛，次脉5～6对，小横脉明显。

（3）秆：秆高达10m，直径约6cm，新秆绿色，密被白粉，疏生小刺毛，因而略粗糙，老秆带褐色或深绿色；秆环甚隆起，呈曲膝状；秆每节分3枝。

（4）笋：笋期4月。产于贵族南部、云南南部和东南部、广西等地。

竹景地点

大禹风景竹园等地。

观赏特性

观姿为主。

六、少穗竹属 *Oligostachyum*

29 | # 四季竹
Oligostachyum lubricum

形态特征

（1）箨：箨鞘绿色，边缘染有紫色，疏生有白色至淡黄色脱落性刺毛，边缘具纤毛；箨耳紫色，卵状或偶见镰形；箨舌紫色，近平截，有紫色短纤毛；箨叶绿色，宽披针形。

（2）叶：每节3分枝，粗细近相等；每枝具叶3～4枚，叶片披针形，长10～15cm，宽15～22mm。

（3）秆：秆高5m，胸径2cm，节间长约30cm。幼秆绿色无毛，无白粉，在有分枝一侧扁平。

（4）笋：笋期5～11月，笋可食用，产笋期长。产浙江、福建、江西等省。

竹景地点

个园、文昌西路高速入口处、大禹风景竹园等地。

观赏特性

观姿和观笋为主。竹秆细长坚韧，光滑洁净，竹叶茂盛，丛形美丽，笋期长。较耐阴，适宜在庭园、假山及水榭旁小片成丛栽植，也可盆栽。

30 少穗竹
Oligostachyum sulcatum

别名
大黄苦竹。

形态特征
（1）箨：箨鞘脱落，背面黄绿色，被厚白粉及棕色刺毛，秆下部箨鞘的边缘生硬纤毛；箨耳及鞘口无继毛；箨舌高约3.5mm，边缘具纤毛；箨片绿色中带紫色，三角状卵形至线状披针形。

（2）叶：小枝具叶2～3；叶片长9～16cm，宽0.9～1.5cm。

（3）秆：秆散生，高达12m，直径5～7cm；节间长35～40cm，在具分枝一侧全部或至中部具沟槽，幼时节下方被白粉；箨环微隆起；秆每节上枝条3枚。

（4）笋：笋期5月。产福建，浙江有栽培。

竹景地点
个园、瘦西湖公园、大禹风景竹园等地。

观赏特性
观姿为主。幼秆绿色，老秆转黄色，竹叶茂密翠绿，丛植时群体观感极好。可以片植营造各类竹林和竹径景观，特别适宜与体量较大的园林景物搭配片植、丛植造景。

七、刚竹属 *Phyllostachys*

31 石绿竹
Phyllostachys arcana

形态特征

（1）箨：箨鞘背面淡绿紫色或黄绿色，有紫色纵脉纹，箨耳及鞘口繸毛缺失；箨舌峰状突起，淡紫色或黄绿色，高4～8mm，先端具裂齿，边缘具短纤毛；箨片外翻，带状。

（2）叶：小枝具叶2～3；叶舌弧形，叶片长7～11cm，宽1.2～1.5cm。

（3）秆：秆高5～8m，直径1.5～3cm；节间长达15～20cm，幼时被白粉，有紫色晕斑，节处紫色，秆壁厚2～3mm；秆环很隆起，高于箨环。

（4）笋：笋期4月，笋可食用。产黄河和长江流域各地区。

竹景地点

瘦西湖公园、大禹风景竹园等地。

观赏特性

观姿为主。竹秆细长劲直，竹叶浓密。适宜营造各类竹林和竹径景观，或与山石、水体等配置成景，在山坡林缘和堤岸边栽植，用以保持水土、绿化环境。

黄槽石绿竹
Phyllostachys arcana 'Luteosulcata'

形态特征

为石绿竹栽培变异类型，秆高6～8m，径2～3cm，与石绿竹不同是它的竹秆分枝一侧纵槽为金黄色。部分竹秆"之"字形曲折。节间下部有紫色块斑，秆环甚隆起。分布江苏、浙江、安徽等省。

竹景地点

个园、瘦西湖公园、大禹风景竹园等地。

观赏特性

观秆观姿。其节间沟槽部位为鲜黄色，观赏效果好。

33 | **罗汉竹**
Phyllostachys aurea

别名

人面竹。

形态特征

（1）箨：箨淡紫色至黄绿色，具稀疏褐色小斑点；无箨耳；箨舌极短，边缘具长纤毛。

（2）叶：每小枝生2～3叶，叶片披针形，长6～12cm，宽1～1.8cm。

（3）秆：秆高3～5m，亦可达10m以上，径3～5cm。为中型竹种。秆下部或中部以下节间缩短，呈畸形膨胀，形若头面。

（4）笋：笋期4～5月，笋可食，味鲜美。分布浙江、安徽、江西、福建、四川、江苏等省。

竹景地点

个园、大禹风景竹园等地。

观赏特性

观秆为主。秆下部或中部以下节间缩短，呈畸形膨胀，形若头面，有的似老人脸，有的如小孩面，有的像罗汉袒肚，相向而笑，十分生动有趣。新秆绿色，厚被白粉，老秆黄绿色或黄色，有很高的观赏价值。

34 | 黄槽竹
Phyllostachys aureosulcata

形态特征

（1）箨：箨鞘淡黄色，有绿色条纹和紫色脉纹，边缘具灰白色短纤毛，薄被白粉及稀疏的紫褐色细斑点；箨耳宽镰刀形，具有长继毛；箨舌宽短，弧形，先端具有短纤毛；箨叶三角形至三角状披针形。

（2）叶：每小枝2～3叶，叶耳无或极其微小，继毛短，叶舌伸出。

（3）秆：秆高5～9m，胸径达4cm，节间长达30cm以上。新秆密被细毛，有白粉，绿色或黄绿色，分枝沟槽为黄色。秆环中度隆起，高于箨环。秆基部有时数节生长曲折。

（4）笋：笋期4～5月。江浙到北京均有分布。

竹景地点

个园、瘦西湖公园、大禹风景竹园等地。

观赏特性

观笋和观秆为主。发笋率很高，成批出土，生机勃勃；竹秆绿色，沟槽部分为黄色，有的竹秆基部弯曲而具特色。适宜与山石、水体、乔木、建筑等配置成各种景观。

35 | 京竹

Phyllostachys aureosulcata 'Pekinensis'

形态特征

为黄槽竹的栽培变异类型，与黄槽竹不同的是全秆绿色。可以栽培观姿和观笋。苏北地区有自然分布。

竹景地点

个园、瘦西湖公园、大禹风景竹园等地。

观赏特性

可观秆、观姿和观笋。

36 | 金镶玉竹
Phyllostachys aureosulcata 'Spectabilis'

形态特征

为黄槽竹的栽培变异类型。新秆为嫩黄色，后渐为金黄色，各节间有绿色纵纹，故称为金镶玉，有的竹鞭也有绿色条纹，少数叶片有黄白色彩色条纹，有的竹秆下部"之"字形弯曲。秆高6～8m，径2～4cm，分布江苏、北京及浙江的杭州等地。

竹景地点

扬州的景点、道路绿化、单位绿化、小区绿化等种植较多。

观赏特性

适宜观秆，竹秆金黄色，分枝一侧，节间纵沟槽绿色，叶绿色，有时带有黄色条纹，出笋时，笋壳淡黄色或淡紫色，疏生细小斑点与绿色细线条，是一种极为优美的观赏竹。也是制作绿篱、盆栽和置景的优良材料。

37 | 黄秆京竹
Phyllostachys aureosulcata 'Aureocaulis'

形态特征

为黄槽竹的栽培变异类型。竹秆全部为鲜黄色，秆型略小，材质坚韧。江浙到北京均有分布。

竹景地点

个园、瘦西湖公园、大禹风景竹园等地。

观赏特性

适宜观秆，竹秆全部为鲜黄色。也是制作绿篱、盆栽的优良材料。此外在山坡林缘和堤岸边栽植，用以保持水土、绿化环境。

38 | 金条竹
Phyllostachys aureosulcata 'Flavostriata'

形态特征

为黄槽竹的栽培变异类型。竹秆绿色，不均匀分布多条宽窄不等的金黄色纵条纹，性状稳定。原产连云港云台山海拔300m处。

竹景地点

瘦西湖公园、大禹风景竹园等地。

观赏特性

观秆为主。竹秆绿色，不均匀分布多条宽窄不等的金黄色纵条纹，性状稳定。非常靓丽，是观秆的优良竹种，也是制作绿篱、盆栽的优良材料。

39 | 桂竹
Phyllostachys bambusoides

别名

五月季竹、台竹、光竹、斑竹、石竹、龙丝竹、迟竹、麦黄竹、麦粒黄、小麦竹、烂头桂等。

形态特征

（1）箨：箨鞘黄褐色，有紫褐色斑点与斑块，疏生直立脱落性刺毛；箨耳变化大，两枚常不对称，镰刀形或长倒卵形，有数枚流苏状繸毛；箨舌和箨耳均为黄绿色或带紫色；箨叶平直或微皱。

（2）叶：每小枝生2～4叶，叶片披针形，长6～15cm，宽1.5～2.5cm。

（3）秆：秆高达10m以上，胸径达10cm以上，秆形通直挺拔。新秆绿色，无毛，无白粉。

（4）笋：笋期5月中旬至6月下旬，因出笋较晚，故有"麦黄竹"之称，笋味略淡涩，但可食用。

分布广泛，东起江苏，西到四川均有天然分布，是江苏省的主要乡土竹种之一。

竹景地点

个园、瘦西湖公园、大禹风景竹园等地。

观赏特性

竹笋形态秀丽，笋期较晚较长，竹叶浓绿茂盛，整体效果美观。适宜于营造各类竹林和竹径景观，也可用于园林各种配景材料。

40 | 黄槽五月季竹
Phyllostachys bambusoides 'Flavostriata'

形态特征

为桂竹的栽培变异类型。

（1）箨：箨耳变化较大，二枚常不对称，成镰刀形，有数枚流苏状继毛。

（2）叶：叶片宽1.5～2.5cm，长7～10cm。

（3）秆：秆高5～10m，径2～5cm，竹秆绿色，纵槽为黄色，无白粉。

（4）笋：笋期5月中、下旬。笋味略淡涩，可食。分布在江浙、安徽等地。

竹景地点

个园、大禹风景竹园等地。

观赏特性

观秆观姿。其节间沟槽部位为黄色，观赏效果好。

41 寿竹

Phyllostachys bambusoides 'Shouzhu'

形态特征

为桂竹的栽培变异类型。新秆微被白粉，秆环较平，节间较长，为35～40cm。原产四川、湖南。

竹景地点

个园、瘦西湖公园、大禹风景竹园等地。

观赏特性

同桂竹。

斑竹

Phyllostachys bambusoides 'Lacrima-deae'

别名

湘妃竹。传说为舜帝二妃洒泪所致，为斑竹增添了浓厚的文化色彩和丰富的遐想空间。

形态特征

为桂竹的栽培变异类型，其区别在于斑竹的绿秆上布有大小不等的紫褐斑块与小点，分枝也有紫褐斑点，故名斑竹。

分布长江流域各地，国内各大城市园林中多有栽植。

竹景地点

扬州的景点、道路绿化、单位绿化、小区绿化等种植较多。

观赏特性

观秆为主。绿秆上布有大小不等的紫褐斑块与小点，观秆效果好，常与山石、建筑等配置构成各种小品景观。

43 | 黄槽斑竹
Phyllostachys bambusoides 'Mixta'

形态特征

　　为桂竹的栽培变异类型。其区别在于此竹秆上具斑点，沟槽黄色。原产河南。

竹景地点

　　瘦西湖公园、现代农业展示中心、大禹风景竹园等地。

观赏特性

　　观秆为主。比斑竹更加美观。

44 | 对花竹
Phyllostachys bambusoides 'Duihuazhu'

形态特征

为桂竹的栽培变异类型。其区别在于此竹秆节间在具芽或分枝一侧的沟槽具紫黑色斑块。原产河南。

竹景地点

瘦西湖公园、现代农业展示中心、大禹风景竹园等地。

观赏特性

观秆为主。比斑竹更加美观。

45 金明竹

Phyllostachys bambusoides 'Castillonis'

别名

黄金间碧玉竹。

形态特征

为桂竹的栽培变异类型。与桂竹的区别在于秆及主枝黄色，其节间分枝一侧沟槽常为鲜绿色，有时于其旁侧亦有同样绿色纵条纹2～3条，叶有少数淡黄色纵条纹。原产日本，现全国很多地方引种。

竹景地点

扬州的景点、道路绿化、单位绿化、小区绿化等种植较多。

观赏特性

观秆为主。竹秆节间呈金黄色，有较宽的绿色条纹，或全秆交互出现不规则的绿条纹，形如黄金间碧玉，非常潇洒美观。

别名

白竹、象牙竹。

形态特征

（1）箨：箨鞘淡黄白色，顶端浅紫色，有稀疏的淡褐色小斑，被白粉和细毛；箨耳发达，卵状至镰形，绿色或绿带紫色，缝毛发达；箨舌较发达，褐色，先端凸起，箨叶长矛形至带状，反转，皱折，颜色多变。

（2）叶：叶片长9~14cm，宽1.5~2.5cm。

（3）秆：秆高6~10m，胸径达5~7cm，竹秆基部常歪斜，节间长达25cm。秆环甚隆起，高于箨环。

（4）笋：笋期4月中旬，笋味鲜美。竹笋产量高，每公顷年产竹笋可达30吨以上。产江苏南部各地以及浙江和闽北地区。

竹景地点

个园、瘦西湖公园、大禹风景竹园等地。

观赏特性

观笋观秆。竹笋洁白，基部弯曲，极似象牙，故有象牙竹的美称。发笋量大，出笋时间集中，箨耳绿色，显得十分清秀高雅。适宜于成片栽植营造竹园景观；也适宜于庭院角隅等配置。竹秆弯曲，适宜于小径两侧栽植成竹径。

47 | 淡竹
Phyllostachys glauca

别名

粉绿竹、花皮淡竹。

形态特征

（1）箨：箨鞘幼时黄红色，成长后颜色变浅，具褐色小斑点，以基部居多，无毛。

（2）叶：小枝具叶2～3枚；叶耳和鞘口繸毛早落；叶舌紫褐色；叶片长7～16cm，宽1.2～2.5cm，下面中脉两侧略有柔毛。

（3）秆：秆高4～7m，直径2～3cm；节间长达25～35cm，幼时密被白粉，秆壁厚约3mm；秆环与箨环等高。

（4）笋：笋期4月中旬至5月，笋可食用，味佳。分布山东、河南、陕西、江苏及浙江等地。

竹景地点

扬州的景点、道路绿化、单位绿化、小区绿化等种植较多。

观赏特性

观姿为主。竹秆修长光洁，竹林婀娜多姿，竹笋光洁如玉，适宜于大面积片植，营造竹林或竹径景观，也可与山石等配置栽植。也适宜农村宅旁成片栽植。

48 | 变竹
Phyllostachys glauca var. *variabilis*

形态特征

变竹是淡竹的变种。与淡竹不同之点为幼秆无白粉或微被白粉，分枝以下各节的箨鞘具云雾状淡褐色长斑纹。原产河南博爱、新阳。

竹景地点

大禹风景竹园等地。

观赏特性

观姿为主，同淡竹。

49 | 水竹
Phyllostachys heteroclada

别名

烟竹、水胖竹、黎子竹。

形态特征

（1）箨：箨鞘深绿色无斑点，两边带褐黄色，边缘具有整齐的灰色继毛；箨耳小型；箨叶窄三角形，绿色，边缘紫色，直立，舟状；箨舌宽短，先端平截或微拱。

（2）叶：小枝较开展，叶片披针形或线状披针形，长5～13cm，宽1～1.7cm。

（3）秆：秆高3～8m，胸径1～4cm，新秆有蜡质白粉和疏生毛，箨环、秆环略平。

（4）笋：笋期4月中下旬，笋味鲜美。在全国分布很广，是江苏省主要乡土竹种之一。

竹景地点

个园、大禹风景竹园等地。

观赏特性

观姿为主。竹叶细小，竹秆修长，竹笋黝黑闪亮，整体姿态潇洒。适宜于潮湿地带的绿化，林下作为下木栽植防止水土流失，也适宜于山石点缀，以及绿篱和地被栽植。

50 | 木竹
Phyllostachys heteroclada 'Solida'

形态特征

（1）箨：笋箨具黄白色条纹；箨鞘迟落，软骨质，背面两侧贴生淡黑色刺毛，近底部密被暗棕色刺毛，先端斜截形；箨耳极不相等，波状皱褶，背面密生短硬毛，边缘具继毛；箨舌高4～5mm，边缘齿裂，具流苏状毛；箨片直立，卵形或近三角角形，基部宽度约为箨鞘顶端的2/5。

（2）叶：叶片长10～18cm，宽1～1.7cm，下面密被短柔毛，基部近圆形或宽楔形。

（3）秆：秆高8～12m，直径4～6cm，竹秆近实心，梢端稍弯，全秆略作"之"字形曲折；节间长30～45cm，无白粉或微被白粉，初时上部贴生稀疏或较密的棕色或灰褐色小刺毛，基部数节间有时具黄白色条纹，并在节内生有短气根。

（4）笋：笋期5～9月。江苏宜兴、溧阳山区有零星分布。

竹景地点

大禹风景竹园等地。

观赏特性

观姿观秆为主。

51 毛竹
Phyllostachys edulis

形态特征

（1）箨：秆箨厚革质，密被糙毛和深褐色斑点和斑块，具发达的箨耳和繸毛。箨舌发达，先端拱凸，边缘密生细须毛。箨片三角形至披针形，向外反转。

（2）叶：叶较小，每小枝2～8片，密生于小枝梢，披针形或狭披针形，先端渐尖，表面绿色，背面稍带淡白色，两面无毛，但背面基部有细毛。

（3）秆：乔木状竹类，秆高3～18m或更高，径10～20cm。秆圆筒，端直挺秀。秆环不明显，节在下部极密，至上部渐稀。秆上部一侧有广沟，至梢头则渐成平圆柱状，表面平滑，绿色或黄绿色，直长而不弯曲。

（4）笋：笋期冬至（冬笋）到翌年清明、谷雨（春笋）。笋味鲜美，是我国主要食用笋之一。

分布秦岭、汉水流域以南各地。我国毛竹的栽培面积以福建、江西、湖南及浙江为最大。常见于海拔400～700m的山坡，在华南一带多分布在海拔100m左右的山地。

竹景地点

瘦西湖公园、茱萸湾公园、竹西公园、平山堂、大禹风景竹园等地。

观赏特性

竹林高大挺拔，竹秆虚心劲节，竹笋黝黑粗壮。竹秆、竹笋及竹林整体景观都有与众不同的观赏效果。适宜于营造大面积竹林景观，或营造大体量的竹径等。

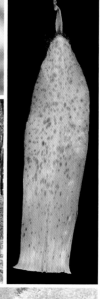

52 | 花毛竹
Phyllostachys edulis 'Tao kiang'

形态特征

为毛竹的栽培变异类型，别名花竹。竹秆金黄色，节间有鲜艳的粗细不一的绿色纵条纹，叶片也具有黄色条纹。竹材可以制作各种工艺品。

观赏特性

观秆为主。竹秆金黄色，节间有鲜艳的粗细不一的绿色纵条纹，叶片也具有黄色条纹，非常美观。

竹景地点

个园、瘦西湖公园、现代农业展示中心、大禹风景竹园等地。

53 | 绿槽毛竹
Phyllostachys edulis 'Viridisulcata'

形态特征

为毛竹的栽培变异类型，与毛竹的区别在于秆金黄色，分枝一侧沟槽翠绿色。分布浙江的杭州、上虞、安吉、龙泉，台湾等地，日本、欧洲也有栽培。

竹景地点

大禹风景竹园等地。

观赏特性

观秆为主。

54 黄槽毛竹
Phyllostachys edulis 'Luteosulcata'

形态特征

　　为毛竹的栽培变异类型，与毛竹主要区别是绿色的秆枝上，分枝一侧沟槽金黄色。分布浙江的安吉、上虞、杭州等地。日本、欧洲亦有栽培。

　　笋期：4～5月，笋可食。

竹景地点

大禹风景竹园等地。

观赏特性

观秆为主。

55 | 龟甲竹
Phyllostachys edulis 'Heterocycla'

别名

龙鳞竹。我国竹类专家温太辉把它另列一个变种，即*Phyllostachys edulis* var. *heterocycla* Makino（《竹类经营》）。

形态特征

是毛竹的一个栽培变异类型。竹秆粗5～8cm，不同于毛竹的性状在龟甲竹秆中部以下的一些节间极度短缩并一侧肿胀，相邻的节交互倾斜而于一侧彼此上下相接或近于相接。笋期：4～5月。分布各毛竹产区，长江流域各城市公园中均有栽植。

竹景地点

个园、瘦西湖公园、茱萸湾公园、瘦西湖温泉度假村、大禹风景竹园等地。

观赏特性

观秆为主。秆下部或中部以下节间连续缩短呈不规则的肿胀，节环变错斜列，斜面凸出呈龟甲状，面貌古怪，形态别致，观赏价值高。

56 | 红哺鸡竹
Phyllostachys iridescens

别名
红壳竹、红鸡竹、红竹等。

形态特征
（1）箨：箨鞘紫红色或淡红褐色，边缘及上部颜色较深，具有紫褐色斑点，光滑无毛，无箨耳及繸毛；箨舌发达，紫黑色，先端截平或拱凸，边缘密生紫红色长须毛；箨叶边缘枯黄色，中间绿紫色，反转皱折下挂，呈鲜艳的彩带状。

（2）叶：每小枝3～4叶，叶鞘鞘口繸毛具脱落性，紫色；叶舌紫红色，较为发达。叶片深绿色，浓密，质较薄。

（3）秆：秆高6～12m，粗大的胸径可达10cm以上，幼秆节间绿色，被白粉。有的竹秆基部有黄绿色纵条纹；中部节间长17～24cm，秆环和箨环中度缓隆起。

（4）笋：笋期4月中旬，笋味甘美，一般用于鲜食，也可加工成罐头、笋干。

产浙江、江苏、上海、安徽等地，适应立地环境的能力很强，除严重积水和重盐碱地区，在苏北地区人工栽培竹林生长良好。

竹景地点
个园、瘦西湖公园、大禹风景竹园等地。

观赏特性
观笋和观姿为主。竹秆较高大挺拔，发笋量大，笋期较长，箨鞘紫红色，边缘紫褐色，箨叶彩带状下挂，随风飘舞，色彩特别美观。适宜于大面积片植营造竹林景观；或单独营造以竹子为主的竹径、障景、漏景等景观；也可以与山石、建筑等配置造景。

57 | 花秆红竹
Phyllostachys iridenscens 'Heterochroma'

别名
金箍棒。

形态特征
　　为红哺鸡竹的栽培变异类型。竹秆节间黄色，沟槽部分为绿色，其他部位也间有不规则绿色纵条纹，非常美观，适宜于观秆栽培。产浙江、江苏等地。

竹景地点
大禹风景竹园等地。

观赏特性
观秆为主。

58 篌竹
Phyllostachys nidularia

别名
枪刀竹、扫把竹、金丝竹、笔笋竹、百夹竹等。

形态特征
（1）箨：箨鞘绿色后渐变为淡黄绿色，具乳白色纵条纹，浓被白粉，基部具丛状密生的刺毛；箨叶三角形，直立，基部二侧延伸成独特的的大箨耳紧抱竹秆；箨舌短，先端凸或截平。

（2）叶：小枝常仅有叶片1枚，叶片矩状披针形，长4～13cm，宽1～2cm，先端常反转呈钩状。

（3）秆：秆高4～8m，胸径3～5cm。秆环和箨环显著突隆起，二环同高，先端突起如尖锲状。

（4）笋：笋期4月下旬，笋味美，可鲜食或制作笋干。产长江流域等地，江苏各地均有分布。

竹景地点
个园、大禹风景竹园等地。

观赏特性
观笋和观姿为主。笋期时，箨片直立，箨鞘紧抱竹秆，新笋梢部形如枪矛状，大箨耳特别醒目，意趣盎然，竹叶潇洒繁茂。适宜于山坡、堤岸边成片栽植保护水土和环境绿化，或在乔木林下栽植，作为下木配置，也适宜于山石园林中点缀。

59 | 光箨篌竹
Phyllostachys nidularia 'Glabovagina'

形态特征
为篌竹栽培变异类型。其箨鞘基部无密生的刺毛环，仅可见极少量气生于箨鞘上。叶鞘脱落，末级小枝通常具1叶。广泛分布于浙江、贵州、福建等地，江苏苏南丘陵山地有野生分布。

竹景地点
大禹风景竹园等地。

观赏特性
观姿为主，竹叶潇洒繁茂。

60 | 实肚竹
Phyllostachys nidularia 'Farcta'

形态特征
为篌竹栽培变异类型。秆环显著突隆起，竹秆箨环下部畸形鼓起，中下部秆实心或近于实心，竹材坚实。产广东连山。

竹景地点
大禹风景竹园等地。

观赏特性
观秆和观姿为主。适宜于在水边湿地、半湿地栽植，用于水土保持和园林绿化。

61 | 绿秆黄槽篏竹
Phyllostachys nidularia 'Mirabilis'

形态特征

为篏竹栽培变异类型。与篏竹不同点在于秆和枝条绿色，节间分枝一侧的沟槽为黄色，箨鞘淡绿色，无条纹。笋可食用。原产四川，近年来扬州引种。

竹景地点

大禹风景竹园等地。

观赏特性

可观秆观叶。

黄秆绿槽篌竹
PhylIostachys nidularia 'Speciosa'

形态特征

　　为篌竹栽培变异类型。与篌竹之区别为秆和枝条均为黄色，节间在分枝一侧的沟槽为绿色，秆箨具黄色条纹，露地竹鞭节间黄色，在具芽一侧的沟槽为绿色，笋可食用。原产四川，近年来扬州引种。

竹景地点

大禹风景竹园等地。

观赏特性

可观秆观叶。

63 | 紫竹
Phyllostachys nigra

形态特征

（1）箨：箨鞘淡棕色，密被粗毛，无斑点；箨耳和繸毛发达，紫色；箨片三角形至长披针形，基部直立，上部展开反转，微皱褶，暗绿色至暗棕色。

（2）叶：小枝紫黑色，顶端具2～3叶，叶脉为紫色，叶片小，窄披针形。

（3）秆：秆高3～5m，径2～5cm，初时淡绿色，老秆紫黑色。

（4）笋：笋期4月中旬，笋可食用。分布黄河流域以南各地，北京亦有栽培。

竹景地点

扬州的景点、道路绿化、单位绿化、小区绿化等种植较多。

观赏特性

观秆和观姿为主。竹秆和枝条由绿变紫，黑褐光亮，因此特显珍奇。又因竹叶青翠，姿态优雅，也适宜于观姿。可以片植，形成紫竹园或紫竹林景观。也常见丛植于庭园山石、水池边或斋室、厅堂周围，制作成园林小景。

紫竹具有浓厚的佛教色彩，相传观世音菩萨曾居住在普陀洛迦山的紫竹林中，所以观音庙旁大多种植有紫竹。

64 | 毛金竹
Phyllostachys nigra var. *henonis*

形态特征

（1）箨：箨鞘背面无毛或上部具微毛，箨耳及其繼毛均极易脱落；箨叶长披针形，有皱折，基部收缩。

（2）叶：小枝具叶1～5片，叶鞘鞘口无毛；叶片质薄，深绿色，无毛，窄披针形，长6～10cm，宽1～2cm，次脉6～8对。

（3）秆：秆高10～14m，中部节间长达34cm，新秆绿色，被白粉和毛，老时灰绿色，秆环和箨环隆起。

（4）笋：笋期5月上、中旬，笋淡红褐色或带褐色，味美可食。分布于长江流域各省，陕西秦岭有栽培；朝鲜、日本也有栽培。

竹景地点

个园、瘦西湖公园、大禹风景竹园等地。

观赏特性

竹秆通直，节间中等而变幅不大，竹壁较厚，竹材坚韧，可观秆观叶。

65 紫蒲头灰竹
Phyllostachys nuda 'Localis'

形态特征

（1）箨：箨鞘淡红褐色，有的具淡色细条纹，密被白粉，秆基部箨鞘密被褐色斑块；无箨耳和鞘口繸毛；箨舌发达，高约4mm，黄绿色，先端平截，边缘具短纤毛；箨叶绿色，反转。

（2）叶：叶片披针形或带状披针形，长8～12cm，宽12～15mm，背面具柔毛。

（3）秆：秆高5～7m，胸径2～4cm。老秆基部数节具紫色斑块，甚至可布满整个节间，使节间呈紫色。

（4）笋：笋期4月中旬。产浙江安吉。

竹景地点

个园等地。

观赏特性

观姿为主。竹秆细长劲直，竹叶浓密，姿态婀娜潇洒。适宜营造小面积的竹林或竹径景观，或与山石、水体等配置成景，也可作为林下植物与乔木竹种混植。

安吉金竹
Phyllostachys parvifolia

形态特征

（1）箨：箨鞘背面淡褐色或淡紫红色，具淡黄褐色脉纹或在箨鞘上部具黄白色脉纹，被薄白粉，边缘生白色纤毛；箨耳和鞘口䍁毛缺失，或有少数条鞘口䍁毛，或秆上部箨片基部延伸成小箨耳；箨舌高2～2.5mm，暗绿色或紫红色，拱形，边缘生短纤毛；箨片直立，绿色，或上部带紫红色，三角形或三角状披针形，波状弯曲。

（2）叶：小枝具叶2枚；叶片长3.5～6.2cm，宽0.7～1.2cm。

（3）秆：秆高达6～8m，直径3～5cm；节间长达25cm，幼时绿色，有紫色细纹，被厚白粉；秆环与箨环等高或高于箨环，或秆下部者低于箨环。

（4）笋：笋期5月初，笋可食用。产浙江、安徽。

竹景地点

个园、瘦西湖公园、瘦西湖温泉度假村、大禹风景竹园等地。

观赏特性

观笋为主。竹笋粗壮有力，颜色呈鲜艳的紫红色，特别引人注目。适宜于半湿地营造竹林或竹径景观，也适宜与水体、山石等配置成景。

67 | 高节竹
Phyllostachys prominens

形态特征

（1）箨：箨鞘背面淡褐黄色，或略带红色或绿色，具不同大小的斑点；箨耳紫色或带绿色，镰形，边缘具长继毛；箨舌紫褐色，边缘具短纤毛或有时混杂长纤毛；箨片带状披针形，强皱曲，紫绿色或淡绿色，边缘橘黄色或淡黄色。

（2）叶：小枝具叶2～4枚，叶片长8.5～18cm，宽1.3～2.2cm，下面基部被柔毛。

（3）秆：秆高达10m，直径4～7cm；节间长达22cm，幼时无白粉或被少量白粉，每节间两端喇叭状膨大而成为强烈隆起的节。

（4）笋：笋期5月，笋可食用。产浙江。

竹景地点

个园、瘦西湖公园、茱萸湾公园、瘦西湖温泉度假村、大禹风景竹园等地。

观赏特性

观笋和观姿为主。竹笋粗壮有力，箨叶鲜艳美丽，竹秆较高大挺拔，枝繁叶茂。适宜于营造各类竹林、竹径景观，也适宜与山石、水体、建筑、乔木等配置成景。

68 早园竹
Phyllostachys propinqua

别名

园竹、桂竹、花竹、萧山早竹。

形态特征

（1）箨：无箨耳和鞘口繸毛；箨舌淡褐色，强烈拱起，边缘具细小纤毛；箨叶狭，披针形或带形，不皱褶，外展或直立。

（2）叶：叶片长7～16cm，宽1～2cm，下面中脉两侧略有柔毛。

（3）秆：秆高6～9m，径3～5cm，全秆光滑，厚被白粉，箨鞘淡红褐色，光滑，有明显的肋条和不规则的褐斑。

（4）笋：4～5月。产河南、安徽、浙江、贵州等地，北京也有分布。

竹景地点

扬州的景点、道路绿化、单位绿化、小区绿化等种植较多。

观赏特性

观姿为主。竹秆挺拔修长，竹林高大茂密，竹笋粗壮光滑，有彩色条纹，是江苏南北皆宜的观赏竹种。

适宜于大面积片植，营造竹林或竹径景观，也可与山石等配置栽植，也适宜农村宅旁成片栽植。

69 | 早竹
Phyllostachys violascens

别名

燕竹。

形态特征

（1）箨：箨鞘背面褐绿色或淡黑褐色，初时被白粉，具大小不等的斑点和紫色纵条纹；箨耳及鞘口縫毛缺失；箨舌拱形，褐绿色或紫褐色，两侧下延而外露，边缘具细纤毛；箨片带状披针形，强烈皱曲或秆上部者平直。

（2）叶：小枝具叶2～3（6），叶片长16～18cm，宽0.8～2.2cm。

（3）秆：秆高8～10m，直径4～6cm，节间长15～25cm，幼时密被白粉，常在沟槽对面一侧稍膨大，有时稍有黄色纵条纹，秆壁厚约3mm；节初时紫褐色，秆环与箨环均隆起，二者等高。

（4）笋：笋期3月中旬，笋期早、产量高，笋味美，是优良的笋用竹种。产江苏、安徽、浙江、江西、湖南、福建，重庆、四川有引栽。

竹景地点

扬州的景点、道路绿化、单位绿化、小区绿化等种植较多。

观赏特性

观笋观姿为主。笋期早，竹林高大茂密。

花秆早竹
Phyllostachys violascens 'Viridisulcata'

形态特征

早竹的栽培变异类型，不同于早竹在于秆、枝条与节间金黄色条纹中有少量绿色条纹，其沟槽部位绿色；笋箨略显黄色，部分叶片有少量金黄色条纹。产浙江安吉。

竹景地点

瘦西湖公园、现代农业展示中心、大禹风景竹园等地。

观赏特性

观秆为主。竹秆黄绿相间，色彩鲜艳，既是近期发现的珍稀观赏竹种，也是优良的笋用竹种。

71 金竹
Phyllostachys sulphurea

别名
黄皮刚竹、黄皮绿筋竹、黄金竹、黄竹、黄皮竹等。

形态特征
（1）箨：箨鞘背面呈乳黄色或绿黄褐色，有绿色脉纹，无毛，微被白粉，有淡褐色或褐色略呈圆形的斑点及斑块；箨耳及鞘口缺继毛；箨舌绿黄色，拱形或截形；箨片狭三角形至带状，外翻，微皱曲。

（2）叶：小枝有2～5叶；叶鞘几无毛或仅上部有细柔毛；叶耳及鞘口继毛均发达；叶片长圆状披针形或披针形，长5.6～13cm，宽1.0～2.2cm。

（3）秆：秆高6～15m，直径4～10cm，幼时无毛，微被白粉，秆及枝呈金黄色，有的秆节间（非沟槽处）常具1～2条狭长之绿色环。

（4）笋：笋期5月中旬，笋味微苦可食用。原产我国，黄河至长江流域及福建均有分布。

竹景地点
个园、瘦西湖公园、大禹风景竹园等地。

观赏特性
秆及枝呈金黄色，观秆观姿态均可。

刚竹
Phyllostachys sulphurea var. *viridis*

形态特征

（1）箨：箨光滑、无毛，秆上的箨密布褐色斑点或斑块，先端拱凸，边缘具有细须毛，小秆上的箨则具稀少斑点或全无斑点，先端截平，边缘具较粗须毛；箨耳及繸无毛，箨舌中度发达，箨片长披针形或带形，反转，微皱，颜色多变，边缘常为黄白色，向内。

（2）叶：小枝具2～5叶、叶片长6～13cm，宽1～2.2cm；叶片夏、秋翠绿色，至冬季转黄色。

（3）秆：秆高10～15m，径8～10cm。节下具粉环，秆环不明显，分枝以下箨环隆起。

（4）笋：笋期5～6月，有的地区可延至7～8月。笋味稍苦，浸煮后可食。分布长江流域各地。云南、河南、山东等地亦有。日本产量较大，欧、美各国有引种。

竹景地点

扬州的景点、道路绿化、单位绿化、小区绿化等种植较多。

观赏特性

观笋观秆观姿态均可。

73 | 黄槽刚竹
Phyllostachys sulphurea 'Houzeau'

别名

绿皮黄筋竹。

形态特征

此竹为刚竹的栽培变异类型。与刚竹不同的是秆、枝绿色，秆的纵沟槽呈黄色，在绿秆上挂披宽窄不等的黄色纵条纹，故又名碧玉间黄金。是观赏价值较高的竹种。分布浙江的湖州、杭州、绍兴、宁波及江苏、安徽等地，河南、陕西也有栽培。

竹景地点

个园、现代农业展示中心、大禹风景竹园等地。

观赏特性

观笋观秆观姿态均可。

74 | 黄皮刚竹
Phyllostachys sulphurea 'Youngii'

形态特征

此竹为刚竹的栽培变异类型，与刚竹的区别是秆、枝、节金黄色，有时节间常具1～2条细长绿色条纹，甚美观。

分布江苏、浙江的杭州、安吉、开化等地。

竹景地点

个园、瘦西湖公园、大禹风景竹园等地。

观赏特性

观秆和观姿为主。秆、枝、节金黄色，另外，其竹叶随生长季节不同呈现浓绿色向稀疏的黄绿色变化，因此有不同的季相景观效果。可以营造各种竹林和竹径景观，或与山石、水面、乔木、建筑等配置造景。

75 花哺鸡竹

Phyllostachys glabrata

形态特征

（1）箨：箨鞘背面淡红褐色或淡黄色带紫色，密被紫褐色小斑点，此斑点在箨鞘顶部呈云斑状；箨耳及鞘口繸毛缺失；箨舌截平或稍拱形，淡褐色，边缘波状，具短纤毛；箨片外翻，狭三角形或带状，皱曲，紫绿色，边缘紫红色或橘黄色。

（2）叶：小枝具叶2～3枚；叶耳绿色，边缘具绿色或紫红色繸毛；叶片长8～11cm，宽1.2～2cm。

（3）秆：秆高6～7m，直径3～4cm；节间长约18～25cm，幼时深绿色，略粗糙，老秆灰绿色，秆壁厚约5mm；秆环较平或稍隆起与箨环等高。

（4）笋：笋期4月中、下旬，笋食用，味美。原产浙江、福建。

竹景地点

个园、瘦西湖公园、平山堂、大禹风景竹园等地。

观赏特性

观笋观秆观姿均可。

乌哺鸡竹
Phyllostachys vivax

别名

雅竹。

形态特征

（1）箨：箨鞘褐色，密被黑褐色斑点及斑块，无毛或具细柔毛；箨耳无；箨舌弓形隆起，两侧下延；箨片强烈皱褶，反转而下垂，浓绿色，长7～20mm，宽12～25mm。

（2）叶：竹叶带状披针形，长9～18cm，宽1～2cm，呈簇状下垂。

（3）秆：秆高10～15m，直径4～8cm，无毛，初时绿色，微被白粉，秆环隆起较箨环稍高，多少不对称。

（4）笋：笋期4月中旬至5月中旬，笋可食，味鲜美，为优良笋用竹。分布江苏及浙江杭州地区。

竹景地点

扬州的景点、道路绿化、单位绿化、小区绿化等种植较多。

观赏特性

观秆为主。是观秆观箨的优良观赏竹，同时经济价值较高。

77 黄秆乌哺鸡
Phyllostachys vivax 'Aureocaulis'

形态特征

为乌哺鸡竹的栽培变异类型，其与乌哺鸡竹的不同点为秆全部黄色，中下部有几个节间具1或2条绿色纵条纹。分布河南、浙江的安吉、杭州等地。

竹景地点

个园、瘦西湖公园、茱萸湾公园、瘦西湖温泉度假村、蜀冈西峰、荷花池公园、大禹风景竹园等地。

观赏特性

观秆为主。此竹秆色泽鲜艳，观赏效果甚佳，亦是优良的笋用竹。

黄纹竹
Phyllostachys vivax 'Huanwenzhu'

形态特征

为乌哺鸡竹的栽培变异类型，其与乌哺鸡竹的不同点为竹秆节间凹槽部位黄色。能耐−23℃低温，笋味甜美。

竹景地点

瘦西湖公园、大禹风景竹园等地。

观赏特性

观秆为主。为良好的观赏竹与笋用竹。

79 | 黄秆绿槽乌哺鸡竹（也称"扬州竹"，尚未正式发表）
Phyllostachys vivax 'Yangzhou'

形态特征

为乌哺鸡竹的栽培变异类型，其与乌哺鸡竹的不同点为秆全部黄色，秆节间凹槽部位为绿色。

竹景地点

个园、瘦西湖公园、瘦西湖温泉度假村、蜀冈西峰、荷花池公园、大禹风景竹园等地。

观赏特性

观秆为主。为良好的观赏竹与笋用竹。

80 | 板桥竹
Phyllostachys varioauriculata

别名
毛毛竹、乌竹。

形态特征
（1）箨：箨鞘新鲜时淡黄带绿色，箨鞘背部密生灰白色小刚毛，基部暗紫红色，箨舌高3～5mm，暗紫红色，叶鞘背部无毛。

（2）叶：叶片带状披针形，长7～14cm，宽1.5～2.1cm，背面淡绿色，仅基部略被毛，次脉4～6对，小横脉稍明显，叶缘一侧具细锯齿，另一侧全缘。

（3）秆：秆直立，高3～4m，径粗1～2cm，新秆亮绿色，无毛，仅节下有较明显的雾状白粉，老秆无纵肋。秆壁厚3～4mm，秆环、箨环均隆起，秆环明显高于箨环，初带乌紫色，后变为绿色。

（4）笋：笋期4月中、下旬。原产安徽。

竹景地点
个园、现代农业展示中心、大禹风景竹园等地。

观赏特性
属中小型竹种，秆枝全为绿色，枝叶柔细，秆环箨环隆起，十分像郑板桥画中所画的竹子，所以扬州人称其为板桥竹。该竹具有极强的繁殖能力和适应性，枝叶浓密，竹鞭纵横，对水土保持、涵养水源具有积极作用。

八、青篱竹属 *Arundinaria*

81 | 苦竹
Arundinaria amara

别名

乌云竹梢。

形态特征

（1）箨：箨鞘革质，绿色，被紫红色易脱落小刺毛；箨耳不明显或缺如；鞘口无毛或有数根直立短繸毛；箨舌平截；箨叶狭长披针形，开展。

（2）叶：每节5～7分枝，叶片披针形，长14～20cm，宽2.4～3cm，背面有白色细毛。

（3）秆：秆高3～6m，胸径2～3cm。幼秆淡绿色，具白粉，老秆绿黄色具灰白色粉斑，节间长达30cm，秆环隆起比箨环略高。箨环上有一圈发达的棕紫色刺毛。

（4）笋：笋期5～6月中下旬。原产河南山区及长江流域。

竹景地点

个园、瘦西湖公园、竹西公园、大禹风景竹园等地。

观赏特性

观姿为主。竹秆挺拔，竹丛密集，叶片下垂，姿态美丽，为庭园绿化的优良竹种。可以片植、列植营造竹林或竹径景观，也可于庭园绿地、山石、建筑旁边丛状栽植，以作点缀，也是坡地岸边以及林下的优良绿化材料。

82 | 长叶苦竹
Arundinaria chino var. *hisauchii*

别名
狭叶青苦竹。

形态特征
（1）箨：箨鞘宿存或迟落，薄纸质，背面被白粉，基部被一圈微毛，边缘生短纤毛；箨耳无，稀具1～2条鞘口继毛；箨舌截形，背面粗糙；箨片狭三角状披针形，直立或稍斜展，较节间为短。

（2）叶：小枝具叶3～4枚，叶片长15～24cm，宽0.7～1.5cm，下面无毛或疏生不明显微毛，次脉5～6对，小横脉明显。

（3）秆：秆高2～3m，直径0.5～1cm；节间长20～22cm，圆筒形或在分枝一侧基部微凹，幼时被少量白粉，节下方一圈白粉环明显，秆壁厚或近于实心，箨环稍隆起；秆环平或略隆起。秆每节上枝条3～9枚或更多，直立或上举。

（4）笋：笋期5月中旬至6月中旬。原产日本。

竹景地点
个园、瘦西湖公园、竹西公园、大禹风景竹园等地。

观赏特性
观姿和观叶为主。叶片细长繁茂，竹秆光滑，色泽多变化，紫绿色至橄榄绿色，竹丛密集，是观姿或观叶的优良竹种。主要用作配置栽植，丛植或隔植与山石、水体、建筑等配置成景，或盆栽置景，也用于制作竹径。

83 异叶苦竹
Arundinaria simonii 'Heterophylla'

别名
白纹女竹。

形态特征
（1）箨：箨鞘厚纸质，有棕色或白色刺毛，边缘密生纤毛；箨耳细小，深褐色，有直立棕色繸毛，箨舌平截；长披针形。
（2）叶：叶上具有白色条纹，叶片窄披针形，长7～10cm，宽1～2.5cm，薄纸质。

（3）秆：秆高3～4m，直径2～3cm。
（4）笋：笋期4～6月。原产日本。

竹景地点
大禹风景竹园等地。

观赏特性
该竹姿态优雅，适于庭园栽培。

大明竹
Arundinaria graminea

形态特征

（1）箨：箨鞘绿至黄绿色；箨耳缺；箨舌截形或微凹；箨片披针形，秆箨宿存。

（2）叶：叶狭长披针形至宽线形，两面无毛，叶密集上举。

（3）秆：秆高3～5m，径2～6cm，通常稠密呈丛生状，初时绿黄色，无毛，布满绿色小点，渐转暗绿色。秆环稍隆起，箨环平。

（4）笋：笋期5月下旬。原产日本，现上海、南京、杭州及台湾等地均有栽培。

竹景地点

个园、瘦西湖公园、现代农业展示中心、大禹风景竹园等地。

观赏特性

观姿和观叶为主。叶呈披针形，枝叶浓密下垂，竹秆修长，颜色深绿，姿态秀丽。该竹在景区可小片成丛栽植，也可盆栽造景。

85 | 螺节竹
Arundinaria graminea 'Monstrispiralis'

形态特征

为大明竹栽培变异类型。秆高2～4m，径2～4cm，分枝成锐角状。叶长披针形，比较硬、厚。秆螺旋形，节上有纤毛。在竹鞭生长形式上，有单轴型和复轴型。单轴型长出的竹秆是正常的，复轴型长出的竹秆是不正常。螺旋形秆、"之"字形秆、"十"字形（"X"字形）孪生分枝和正常秆所占比率为20%、15%、5%、60%。原产日本。

竹景地点

个园、大禹风景竹园等地。

观赏特性

观秆为主。秆形奇异，3年生螺旋竹秆可制装饰品。可盆栽观赏。

斑苦竹
Arundinaria maculata

形态特征

（1）箨：箨鞘近革质，绿黄色或棕红色略带紫色，短于节间，背面有丰富的油脂而具显著光泽，常具棕色斑点，基部密被下向刺毛，边缘无纤毛；箨耳缺失或微小，具数条短而易脱落的继毛；箨舌低矮，棕红色，边缘无纤毛；箨片反折而下垂，绿色带紫色，狭条状或线状披针形，近基部被微毛。

（2）叶：小枝具叶3～5枚，叶片长10～20cm，宽1.5～2.5cm，下面被微毛，其毛在基部较多，次脉4～6（8）对，小横脉存在。

（3）秆：秆高4～10m，直径3～7cm；节间长30～40cm，圆筒形，在分枝一侧基部微凹，幼时被厚白粉，节下方一圈白粉环更厚；箨环厚木栓质圆脊状隆起，初时密被黄褐色上向刺毛；秆环微隆起或隆起。秆每节分枝3～5枚，直立或上举。

（4）笋：笋期4月下旬至6月。笋食用，味稍苦，但有回甜味，因而斑苦竹鲜笋深受群众喜爱。

产江西、江西、福建、广东、广西、重庆、四川、贵州、云南等地；安徽、陕西有栽培。

竹景地点

个园、瘦西湖公园、大禹风景竹园等地。

观赏特性

观秆观姿，幼秆被厚白粉，竹冠窄圆柱形，美观，为重要的观赏竹种。

87 川竹
Arundinaria simonii

形态特征

（1）箨：箨鞘宿存，约为节间长度的2/3，厚纸质，背面无斑点或多少具暗棕色斑点，基部具一圈淡褐色毛茸，边缘生短纤毛；箨耳和鞘口继毛均缺失，箨舌高约1.5mm，截形或稍拱形；箨片直立，绿色，狭长披针形，两面均被微毛，边缘有细锯齿。

（2）叶：小枝具叶4～5（7）枚；叶片线状披针形，长5～23cm，宽1～2.2cm，次脉4～8对，小横脉明显，组成长方形，边缘具小锯齿。

（3）秆：秆散生和小丛散生，高3～6m，直径0.7～3cm；节间长15～20（25）cm，圆筒形或在分枝一侧具沟槽，平滑，无毛，壁厚2～2.5mm，秆环高于箨环，秆下部幼时被白粉。秆每节上枝条2～9，近直立。

（4）笋：笋期6月中旬。原产日本，上海、浙江和四川成都及蜀南竹海园林中有引栽。

竹景地点

大禹风景竹园等地。

观赏特性

观秆观姿为主。

88 | 秋竹
Arundinaria gozadakensis

形态特征
（1）箨：箨鞘淡绿色，长度为节间的2/3～3/4，基部具一圈淡棕色茸毛；无箨耳和鞘口䍁毛；箨舌淡绿色，下凹，高1～2mm；箨片绿色，外展或外翻；叶鞘䍁毛发达，直立，平滑；叶舌高2～4mm，圆弧形；

（2）叶：叶片线状披针形，质地坚硬，长12～18cm，宽1.1～1.5cm，先端细长渐尖，基部宽楔形，两面均无毛。

（3）秆：秆高3～4m，直径1.2～1.5cm。节间无毛，幼时无白粉，或有少量白粉。

（4）笋：笋期5月初至6月上旬。原产福建。

竹景地点
个园、大禹风景竹园等地。

观赏特性
观叶为主。竹枝纤细，叶片青翠飘逸，竹姿美丽。适宜于假山、水池旁边栽植，制作园林小品或于花坛栽植，也适宜于制作绿篱或盆栽观赏。

89 | 菲白竹
Arundinaria fortunei

形态特征

（1）箨：箨鞘长约为节间的1/2，基部初时被一圈灰白色小硬毛，边缘初时密生纤毛。

（2）叶：叶披针形，每小枝上着叶5～8枚，叶长3～5cm，宽0.6～1cm。

（3）秆：秆高10～40cm，径1～4mm，小型竹，分枝稀。

（4）笋：笋期5月。原产日本。

竹景地点

扬州的景点、道路绿化、单位绿化、小区绿化等种植较多。

观赏特性

观叶地被竹种。绿叶上镶嵌数条白色条纹，非常美观，特别是春末夏初发叶时的黄白颜色，更显艳丽。

铺地竹
Arundinaria argenteostriata

形态特征

（1）箨：箨鞘绿色，短于节间，箨鞘基部具白色长纤毛，边缘具淡棕色纤毛；箨耳无；箨舌极其微弱；秆下部的箨叶很小，上部的为叶片状。

（2）叶：叶片卵状披针形，绿色，偶具黄或白色纵条纹。

（3）秆：秆高0.3～0.5m，有的可达1m以上，地径0.2～0.3cm，节间长约5～8cm，秆绿色无毛，节下具窄白粉环。

（4）笋：笋期4～5月。原产日本，江苏和浙江等地有引种栽培。生态适应性好，抗旱抗寒能力较强。

竹景地点

扬州的景点、道路绿化、小区绿化等种植较多。

观赏特性

观叶地被竹种。枝叶繁茂翠绿，观赏效果很好。适宜于花坛、花境、绿坪应用，也适宜篱边、假山栽植配景以及盆栽和盆景制作。也适宜于堤岸山坡或林下栽培。

91 菲黄竹
Arundinaria viridistriata

形态特征

（1）箨：箨鞘长约为节间的1/3～1/2，绿色，无毛；箨耳无，箨舌截平形。

（2）叶：秆上部的为叶片状叶披针形，长6～12cm，宽1.5～2.6cm，初夏时，黄色的叶片上出现大量绿色条纹，显得特别美丽。夏天，叶片上绿色的条纹与黄色的底色界限模糊。

（3）秆：秆高20～60cm，径1～4mm。发枝数条，每小枝着叶6～8枚。

（4）笋：笋期4月。在日本广泛用于室外地栽或室内盆栽，南京、杭州有引种。

竹景地点

个园、瘦西湖公园、大禹风景竹园等地。

观赏特性

观叶地被竹种。枝叶繁茂黄绿，观赏效果很适宜于花坛、花境、绿坪应用，也适宜篱边、假山栽植配景以及盆栽和盆景制作和适宜于堤岸山坡或林下栽培。

翠竹
Arundinaria disticha

形态特征

（1）箨：箨鞘长约为节间的1/3～1/2，纸质，无毛；箨耳无，箨片微小、直立。

（2）叶：叶线状披针形，排列成紧密的两列，纸状皮质，长2～5cm，宽0.5～1cm。

（3）秆：秆高0.4～0.7m，径0.1～0.3cm，秆箨和节间无毛，节密被柔毛和短毛。

（4）笋：笋期4～5月。原产日本，江苏、浙江等地有栽培。

竹景地点

扬州的景点、道路绿化、单位绿化、小区绿化等种植较多。

观赏特性

观叶地被竹种，枝叶繁茂翠绿，竹秆匍匐，观赏效果很好。适宜于花坛、花境、绿坪应用，也适宜篱边、假山栽植配景以及盆栽和盆景制作和适宜于堤岸山坡或林下栽培。

93 | 无毛翠竹
Arundinaria pygmaea

别名

日本绿竹。

形态特征

与翠竹不同在于秆节无毛，箨鞘、叶鞘和叶片等亦无毛，比翠竹长得矮小，属矮小竹种。

（1）箨：秆箨短于节间，无毛，边缘具褐色长纤毛；无箨耳；箨叶三角状卵形，抱茎。

（2）叶：每小枝具叶4～10枚，叶片小，两列状排列，翠绿色，披针形，长3～5cm，宽0.3～0.5cm，无叶耳，具白色长肩毛。

（3）秆：秆高0.2～0.3m，径0.1～0.2cm。

（4）笋：笋期4～5月。原产日本，我国江苏、浙江及上海各地栽培供观赏。

竹景地点

个园、大禹风景竹园等地。

观赏特性

属矮小地被竹，通常作庭园布置栽植于花坛或公园路边或坡地上，也可栽于花盆内作盆景观赏。

94 巴山木竹
Arundinaria fargesii

别名

木竹、法氏箬竹、秦岭箬竹。

形态特征

（1）箨：箨鞘迟落或宿存，革质，被棕色刚毛，鞘口截平；无箨耳及繸毛；箨舌微隆起，高约2cm；箨叶披针形，直立，平直或有波曲，易自鞘上脱落。

（2）叶：每节分枝初为3枚，后为多枚，叶片质地坚韧，叶舌发达。小型叶片通常长10～20cm，宽1～2.5cm，大型叶片可长20～30cm，宽3～7.5cm，叶缘具细锯齿，次脉5～8 (11)对，小横脉较紧密。

（3）秆：秆高3～10m，径2～5cm，中部节间长40～60cm，秆壁较厚，幼时深绿色且被白粉，老则淡黄色。

（4）笋：笋期4月下旬至5月。原产陕西、甘肃、湖北、四川等地，抗寒性强。

竹景地点

大禹风景竹园等地。

观赏特性

可观秆观姿。

95 宜兴苦竹
Arundinaria yixingensis

形态特征

（1）箨：箨鞘绿色至绿黄色，薄革质或厚牛皮纸质，迟落，边缘有紫红色较长纤毛，基部生不明显的纤毛；箨耳新月形，紫红色紧贴鞘口上，耳缘着生粗壮的紫红色繸毛；箨舌高4～5mm，先端隆起或截形，密被厚白粉；箨片紫绿色，狭短条状或披针形，外翻，两面均密被白色短毛。

（2）叶：末级小枝具4或5叶；叶鞘无毛，叶舌隆起，高达3mm，膜质；厚被白粉；叶片椭圆状披针形，长13～24cm，宽2～3cm，叶缘有细锯齿。

（3）秆：秆直立，高3～5m，粗1.2～2cm，秆壁厚0.3cm，新秆黄绿色微带紫色，无毛，厚被白粉，秆每节分3～5枝，与主秆成45°～50°夹角，当年的枝环下方白粉圈明显。

（4）笋：笋期5月初。原产江苏宜兴。

竹景地点

大禹风景竹园等地。

观赏特性

可观叶观姿。

九、矢竹属 *Pseudosasa*

96 茶秆竹
Pseudosasa amabilis

别名

青篱竹。

形态特征

（1）箨：箨鞘迟落，革质，棕褐色，密被棕色刺毛；箨舌平截或中间稍隆起；箨耳无，箨片长三角形，直立。

（2）叶：竹枝叶浓密、叶大密集下垂、叶面油绿，观赏价值高。叶长8～15m，宽1～3cm。

（3）秆：秆高达6～15m，直径4～8cm，节间长20～30cm，被灰褐色蜡粉。秆中部分枝3枚，下部分枝1～2枚，贴在秆上。

（4）笋：笋期4～5月。分布江西、福建、湖南、广东，浙江的杭州、丽水等地亦有栽培。

竹景地点

个园、瘦西湖公园、现代农业展示中心、大禹风景竹园等地。

观赏特性

观叶为主。竹枝叶浓密、叶大密集下垂、叶面油绿，观赏价值高。叶长8～16cm，宽1～3cm。

97 | 福建茶秆竹
Pseudosasa amabilis var. *convexa*

形态特征

为茶秆竹的栽培变种，不同于茶秆竹之点为箨鞘顶端两侧隆起，箨舌背部被白粉。原产福建。

竹景地点

个园、大禹风景竹园等地。

观赏特性

观叶为主。同茶秆竹。

98 | 矢竹
Pseudosasa japonica

别名
日本箭竹。

形态特征
（1）箨：箨鞘宿存，质脆，初灰绿色，后黄棕色，箨耳缺，箨舌高1～2mm，绿色，略呈弓状隆起，箨片披针形，细长，直立或反转，粗糙。

（2）叶：小枝具叶5～9枚；叶片狭长，长5～30cm，宽1～4cm。

（3）秆：秆高3～4.5m，径约1.5cm，节间长25～40cm，绿色，无毛，节平，通常1分枝。

（4）笋：笋期4月下旬至5月中旬。分布日本、朝鲜。浙江、江苏、上海有栽培。

竹景地点
个园、大禹风景竹园等地。

观赏特性
观姿为主。竹秆挺直，冠较狭，姿优美，是良好的观赏竹。

99 辣韭矢竹
Pseudosasa japonica 'Tsutsumiana'

别名

平安竹。

形态特征

为矢竹的栽培变异类型，秆节间膨胀，形似花瓶状，形态与小佛肚竹相似，地下茎节间也缩短肿胀。原产日本。

竹景地点

个园、现代农业展示中心、大禹风景竹园等地。

观赏特性

观姿观秆，由于竹秆形态奇特，为名贵观赏竹，可丛植于庭园，或作盆栽。

曙筋矢竹
Pseudosasa japonica 'Akebonosuji'

形态特征

为矢竹的栽培变异类型，与矢竹不同的是笋淡黄绿色，具暗绿色纵条纹；叶片绿色，具黄色纵条纹。原产日本，江苏、陕西西安有引栽。

竹景地点

个园等地。

观赏特性

观叶观姿，较矢竹更加美丽。

十、唐竹属 *Sinobambusa*

101 唐竹
Sinobambusa tootsik

形态特征

（1）箨：箨鞘初长方形，略带淡红棕色，外被棕褐色刺毛，边缘具纤毛。箨耳卵状至椭圆状，箨舌高4mm；箨片绿色，披针形至长披针形，边缘有稀锯齿，易落。

（2）叶：每小枝3～9叶，叶片薄纸质，披针形，长6～22cm，宽1～3.5cm。

（3）秆：秆高4～7m，径3～4cm，节间圆筒形长30～50cm，无毛，新秆绿色，节下有白圈。解箨后在箨环上留有棕色毛圈。

（4）笋：笋期5月，苦味，不可食。分布福建、广东、广西及浙江。

竹景地点

个园、瘦西湖公园、瘦西湖温泉度假村、琼花观、大禹风景竹园等地。

观赏特性

观姿为主。唐竹生长密集、挺拔，姿态潇洒，常作庭园观赏。

光叶唐竹
Sinobambusa tootsik var. *maeshimana*

别名

大目竹。

形态特征

为唐竹的变种，与唐竹不同的是光叶唐竹叶片下面光滑无毛。产广西，日本也产。

竹景地点

个园、大禹风景竹园等地。

观赏特性

观姿为主，同唐竹。

十一、鹅毛竹属 *Shibataea*

103 | 鹅毛竹
Shibataea chinensis

形态特征

（1）箨：箨鞘膜质，外面无毛，箨耳无，箨片针状。

（2）叶：每节分枝3～6枚，叶通常1片着生于枝的顶端。卵状披针形或披针形。长6～11cm，宽1～3cm。

（3）秆：秆高0.6～1m，直径0.2～0.3cm，节间长7～15cm，几乎实心，淡绿带紫。每节3～6分枝，节间呈圆筒形，上部分枝的节间则呈三棱形。

（4）笋：笋期5～6月。分布浙江、江苏、安徽、江西、福建等地。

竹景地点

个园、瘦西湖公园、现代农业展示中心、大禹风景竹园等地。

观赏特性

观叶地被竹种，叶片繁茂。

104 倭竹
Shibataea kumasasa

形态特征

（1）箨：箨鞘背面贴生短毛，外边缘生长纤毛。箨耳缺失。

（2）叶：每小枝具叶1枚，稀2枚，叶片卵形至长卵形，长5～12cm，宽0.6～3.5cm。

（3）秆：秆高1～2m，径1～5mm，节间为三棱形或近半圆筒形，节环隆起。

（4）笋：笋期5月下旬至6月。分布于台湾、福建，上海有栽培。

竹景地点

个园、瘦西湖公园、大禹风景竹园等地。

观赏特性

观叶地被竹种，叶片繁茂。

105 | 江山倭竹
Shibataea chiangshanensis

形态特征

（1）箨：箨鞘背面被白色细柔毛，刺毛在基部较密，边缘具较长纤毛；箨耳及继毛缺失；箨舌矮，截平；箨片锥状，直立。

（2）叶：每小枝具1叶；叶片卵形或近三角形，长6～8cm，宽1.1～2.3cm，基部圆钝至近截形，无毛，边缘基部常具微小的缺裂，中部以上具长的锯齿，次脉7～8对。

（3）秆：秆高0.5m，直径约2mm；节间近半圆柱形，长7～12cm，节下方被白粉环；秆环隆起。枝条在秆每节上3枚。

（4）笋：笋期5月。产浙江，四川有引栽。

竹景地点

大禹风景竹园等地。

观赏特性

叶片繁茂，观叶地被竹种。

106 | 狭叶倭竹
Shibataea lancifolia

形态特征

（1）箨：箨鞘纸质，早落，光滑无毛，先端有细小之钻状箨叶，长0.3～0.6cm；箨耳及继毛皆缺失。

（2）叶：每节分枝3～5枚，每小枝具叶1枚，稀2枚，叶片长披针形，一般长8～12cm，宽0.8～1.6cm。

（3）秆：秆高0.45～1m，径0.2～0.3cm，直立，近于实心；节间短，长3～4cm，光滑无毛。

（4）笋：笋期5月。原产浙江、福建。

竹景地点

大禹风景竹园等地。

观赏特性

观叶地被竹种。

十二、业平竹属 *Semiarundinaria*

107 | 短穗竹
Semiarundinaria densiflora

形态特征

（1）箨：箨鞘早落，短于节间，初时绿色，具白色纵条纹，背面被稀疏刺毛，边缘具紫色纤毛；箨耳椭圆形，褐棕色或绿色，边缘继毛弯曲，长3～5mm；箨舌拱形，边缘具极短纤毛；箨片斜举或水平开展，披针形或狭长披针形，绿色带紫色。

（2）叶：小枝具叶2～5枚，叶片长5～18cm，宽1～2cm，下面灰绿色，被微毛，边缘具细锯齿，次脉6～7对，具小横脉。

（3）秆：秆高达2.5m，直径1～1.5cm；节间长7～18cm，初时被倒向白色细毛，后变无毛，节下方具白粉环，在具分枝的一侧微扁平；秆环隆起。秆每节分枝3。

（4）笋：笋期5～6月。产浙江、安徽、江苏、江西、湖北、广东。

竹景地点

个园、大禹风景竹园等地。

观赏特性

观姿为主。竹秆纤细，日照后呈紫红或紫绿色，枝条较短，叶片茂盛，姿态潇洒。适宜与山石等配置成景，也可与林下植物混植。

108 中华业平竹
Semiarundinaria sinica

形态特征

（1）箨：箨鞘外表面新鲜时绿色，后淡黄棕色，被脱落性细刺毛，箨舌近截状或呈弧状隆起，边缘无毛；箨耳淡紫棕色，镰刀状，边缘具长4mm棕褐色繸毛；箨叶紫绿色，锥状至狭披针形。

（2）叶：末级小枝具3～5叶，叶鞘长3.5～4.5cm，绿色；叶舌高2mm，先端略隆起；叶耳卵状至椭圆状，叶片披针形，长9～16cm，宽1.4～2.2cm，两边有锯齿，侧脉4～5对，小横脉明显。

（3）秆：秆高3～5m，直径1～1.5cm，节间长15～27cm，分枝节间扁平，分枝3，近等粗。

（4）笋：笋期5月。产江苏南京。

竹景地点

大禹风景竹园等地。

观赏特性

观姿为主。

109 业平竹
Semiarundinaria festiosa

形态特征

（1）箨：箨鞘无毛，但在基底处生有向下的短柔毛；箨耳不发达；箨舌矮，高仅1～1.5mm，先端截形；鞘口有少数继毛存在；箨片狭长披针形，先端锐尖。

（2）叶：末级小枝具3～7（10）叶；叶鞘长约4cm，疏生短柔毛；叶耳不显著；叶舌高1～1.5mm，先端截形；叶片窄披针形，长8～20cm，宽1.5～2.5cm，次脉6～8对，再次脉5或6条，小横脉存在，叶缘具粗糙的小锯齿。

（3）秆：秆高3～9m，幼秆绿色，老则为紫褐色；节间长10～30cm，直径1～4cm，中空，秆每节通常具3枝，以后可增至8枝簇生。

（4）笋：笋期4～5月。原产日本西南部，我国台湾省庭园中栽培较早，供观赏。

竹景地点

大禹风景竹园等地。

观赏特性

观姿为主。

十三、支笹属 *Sasaella*

110 | 白纹椎谷笹
Sasaella glabra 'Albostriata'

别名

靓竹。

形态特征

（1）箨：箨鞘宿存，近革质，稍短于节间，背面无毛，常被白粉，边缘初时有纤毛，后期脱落；箨耳有时存在，较小，边缘具短缝毛；箨舌近弧形，高约0.5mm；箨片直立，卵状披针形。

（2）叶：小枝具叶3～5，叶片披针形，绿色，具白色纵条纹，长15～20cm，宽1.5～2.5cm，先端渐尖，微弯曲，两面无毛，次脉5～8对，小横脉明显，组成长方形，边缘具细锯齿。

（3）秆：秆高50～80cm，粗2～4mm，节间长6～12cm，无毛，节下常具一圈白粉，纵细枝棱纹明显；箨环无毛；秆环稍隆起。枝条在秆每节上1枚。

（4）笋：笋期4月下旬至5月上旬。原产日本。我国江苏南京、浙江安吉、四川成都及陕西等地园林中均有引种栽培。

竹景地点

个园、瘦西湖公园、茱萸湾公园、瘦西湖温泉度假村、大禹风景竹园等地。

观赏特性

竹体矮小，株间密集，分蘖力强，色彩优美，尤夏日更为靓丽，具有很高的观赏价值，适宜作庭园地被竹，或作盆栽。

111 黄条金刚竹

Sasaella masamuneana 'Aureostriata'

别名

黄筋金刚竹。

形态特征

为日本黄金竹的栽培变异类型。小灌木状复轴混生竹类。秆高1～2m，地径0.5cm以下。新叶绿色，初夏以后叶面逐渐出现明显的黄色条纹。黄色条纹的条数1～5条不等，宽度为叶面宽度的1/20～1/10。原产日本。

竹景地点

个园、瘦西湖公园、茱萸湾公园、瘦西湖温泉度假村、大禹风景竹园等地。

观赏特性

观叶为主。叶片宽大，新叶叶色鲜绿，老叶出现宽窄不等的黄色条纹，观赏效果很好。适宜于制作绿篱、绿地、花境、花坛等，也可以配置假山、林下栽培以及护坡栽培、盆栽观赏等。

参考文献

[1]关传友，何秋中. 扬州园林植竹造景史考[J]. 竹子研究汇刊，2007，(2).

[2]何明. 中国竹文化小史[J]. 寻根，1999，(2).

[3]胡冀贞，辉朝茂. 中国竹文化及竹文化旅游研究的现状和展望[J]. 竹子研究汇刊，2007，21(3).

[4]黄春华，王晓春，仇蓉. 扬州竹文化探析[J]. 中国园林，2012，(4).

[5]姬 慧. 从《说文·竹部》探析中国竹文化[J]. 湖南第一师范学报，2009，9(4).

[6]蒋秀碧. 浅析我国竹文化与竹精神[J]. 时代文学·下半月，2008，(11).

[7]李斗. 扬州画舫录[M]. 济南:山东友谊出版社，2001.

[8]李世东，颜容. 中国竹文化若干基本问题研究[J]. 北京林业大学学报(社会科学版)，2007，6(1).

[9]楼崇，张培新. 扬州园林竹子造景与竹文化[J]. 竹子研究汇刊，2007，26(3).

[10] 彭镇华，江泽慧. 绿竹神气[M]. 北京:中国林业出版社，2006.

[11] 史军义，易同培，马丽莎，等. 中国观赏竹[M]. 北京:科学出版社，2012.

[12] 易同培，史军义，马丽莎，等. 中国竹类图志[M]. 北京:科学出版社，2008.

[13]张宏亮，鲁良庆. 中国竹文化遗迹[J]. 世界竹藤通讯，2012(3).

[14]张跃西. 中国佛教文化与竹文化[J]. 池州学院学报，1997(2).

[15]赵奇僧，汤庚国. 中国竹子分类的现状和问题[J]. 南京林业大学学报:自然科学版，1993，(4).

[16] Okamura H，Tanaka Y，Konishi M，et al. Illustrated Horticultural Bamboo Species in Japan[M]. HAATO，1991.

[17] Wu Zhengyi，PH Raven，Hong Deyuan. eds. Flora of China，Volume 22: Poaceae [M]. Beijing and St. Louis，MO: Science Press and Missouri Botanical Garden. 752 pp，2006.

[18] Zehui Jiang. Bamboo and Rattan in the World[M]. Beijing:China Forest Publishing House，2007.